# 听水利工程师讲水和水利的故事

朱超　编著

中国水利水电出版社
www.waterpub.com.cn
·北京·

## 内 容 提 要

水利是专业性相对较强且分支众多的工程科学，也是与生产生活息息相关的基础产业。近年来，随着信息传播途径的增多和传播速度的加快，公众对于水利学科的关注度不断提升，与此同时关于水利学科的各种知识、见解也随着信息传播网络深入社会生活的方方面面。本书讲述了水与水利的相关知识，期待传递相对准确的专业知识和见解，对公众了解水利工程具有重大民生意义和价值。

本书可以作为公众了解水和水利的科普读物，也可以作为水利相关专业人士的入门学习资料。

**图书在版编目（CIP）数据**

听水利工程师讲水和水利的故事 / 朱超编著. 北京 : 中国水利水电出版社, 2024. 8. -- ISBN 978-7-5226-2137-1

Ⅰ. TV-49

中国国家版本馆CIP数据核字第20245RA670号

| | |
|---|---|
| 书　　名 | **听水利工程师讲水和水利的故事**<br>TING SHUILI GONGCHENGSHI JIANG SHUI HE SHUILI DE GUSHI |
| 作　　者 | 朱超　编著 |
| 出版发行 | 中国水利水电出版社<br>（北京市海淀区玉渊潭南路1号D座　100038）<br>网址：www.waterpub.com.cn<br>E-mail：sales@mwr.gov.cn<br>电话：（010）68545888（营销中心） |
| 经　　售 | 北京科水图书销售有限公司<br>电话：（010）68545874、63202643<br>全国各地新华书店和相关出版物销售网点 |
| 排　　版 | 中国水利水电出版社微机排版中心 |
| 印　　刷 | 天津嘉恒印务有限公司 |
| 规　　格 | 170mm×240mm　16开本　8.5印张　106千字 |
| 版　　次 | 2024年8月第1版　2024年8月第1次印刷 |
| 定　　价 | **68.00**元 |

# 前言 FOREWORD

从2002年大学本科算起，我与水利结缘已经有二十多年的时间了，经历了诸多工程规划、设计、调度的磨炼，应该说，在专业上还是合格的。身边经常能接触到很多的水利工程师、高水平的专家学者，无论是工作中还是生活中，他们中的绝大多数人工作非常严谨、认真，富有科学情怀和工匠精神，但是涉及需要对外交流沟通、消除公众误解的时候，他们往往就显得不那么得心应手了，要么喜欢用一些相对专业的术语解释，要么直接闭口不谈——我曾经问过几位专家，基本上统一的回答是不知道如何用通俗易懂的语言解释专业的水利知识。

随着科技的发展进步，信息传播的速度也越来越迅捷，大众获取认知之外信息的手段也变得多样。对于水利这一专业、相对小众但又与公众生活息息相关的科学技术门类来说，越来越多的人倾注了大量的热情去了解、去传播。例如每年一到夏天，网络上关于防洪、水库、水利工程、三峡的主题非常多。各种专业、不专业的标题不断出现在各路媒体、自媒体。大多数都是支持水利工程建设的，只是由于缺乏专业的知识，有些内容未必会起到积极的宣传引导作用。

基于此，我一直想就水利水电工程做一些详细的科普，或者说与大家分享一些水利专业工程师的经验，但是一时间又不知道从何说起。想起来我生活了近20年的乌鲁木齐市是干旱地区一座依水而建的城市，这座城市因乌鲁木齐河而有了生机和活力。作为一个身处边疆、远离大江大河甚少见到巨型水利工程，但又是水利工作者的我，就从乌鲁木齐市的乌鲁木齐河和和平渠说起吧。

提到乌鲁木齐的水利工程，绝大多数市民首先想到的是和平渠。和平渠是纵贯乌鲁木齐市区的一条渠道，它是怎么来的呢？这就要从乌鲁木齐河说起了。

乌鲁木齐河是乌鲁木齐市的母亲河，也是天山北坡相对较大的一条河流，乌鲁木齐城市的发展离不开乌鲁木齐河。但是其实乌鲁木齐河早已经断流几十年了，现在的乌鲁木齐河河滩路就是原来乌鲁木齐河的河道。

乌鲁木齐河上共建有三座水库，从上游到下游分别是大西沟水库、乌拉泊水库和红雁池水库，以大西沟水库最年轻、乌拉泊水库次之、红雁池水库最老。大西沟水库和乌拉泊水库是拦河式的水库，红雁池水库是引水注入式水库，这两种水库的不同点在本书中会专门讲述。

大西沟水库当年建设的时候是以防洪为主，兼顾一些比例很小的灌溉、供水之类的任务。乌拉泊水库是以供水为主，兼顾一定的防洪任务。红雁池水库因为是引水注入式水库，原来配套设施不全，只能给红雁池电厂供水，现在随着配套设施的逐渐完善，也可以作为城市供水水源了，但是基本不能承担防洪任务。

上述三个水库工程作为乌鲁木齐城市水利设施的主体，与其他一些附属工程共同承担起了乌鲁木齐市主城区的防洪、供水、灌溉等各种水利任务。

随着乌鲁木齐市经济社会的发展、城市规模的扩大、人口的增多，对水资源的需求也迅速增加。乌鲁木齐市城市防洪和供水矛盾越发的突出（因为防洪和供水对水库的要求正好是相反的）。作为乌鲁木齐河上的供水主力，乌拉泊水库同时承担防洪与供水任务就越来越困难。

城市管理的相关部门就考虑利用大西沟水库，让大西沟水库在承担繁重的防洪任务的同时尽可能多地承担城市供水任务。但是这涉及变更大西沟水库的工程任务，从建设角度来说属于必须非常慎重的变更。然而考虑到乌鲁木齐城市供水的现状，积极研究挖掘大西沟水库的供水潜力也是城市发展的基础保证。基于现实状况，从2013年开始乌鲁木齐市水行政主管部门就委托新疆水利发展投资集团下属的新疆水利水电勘测设计研究院有限责任公司（原水利部新疆水利水电勘测设计研究院）对此进行了多年研究，形成了多个研究方案，几次向各级主管部门汇报、解释，表明在严格管理的前提下，按照设计的方案进行任务变更既可以保证防洪任务不受影响又可以增加城市供水，但是直到今日方案还在继续研究中。

说完了乌鲁木齐河，我们就可以顺势说一下和平渠了。因为乌鲁木齐河已经断流几十年了，乌拉泊水库以下河道早已演变成乌鲁木齐市的河滩路。然而乌鲁木齐市下游的五家渠市历史上也需要乌鲁木齐河水用于工农业生产生活，所以和平渠就应运而生了，其上接乌拉泊水库，下至五家渠市的猛进水库。和平渠历史上承担两个任务：①每年按照计划向下游五家渠市下泄一定的水量；②作为乌拉泊水库的排洪渠在汛期辅助宣泄乌拉泊水库的洪水。随着北部供水工程的建设，五家渠市用水以后将要由北部供水工程来承担，乌鲁木齐河水全部用于乌鲁木齐市，不必承担向五家渠市供水的任务了。所以现在的和平渠只有在汛期需要辅助泄洪的时候才过水，非汛期不过水。

乌鲁木齐河作为一个引子，引出本书的所有内容，在后续的内容里，对公众感兴趣的水利话题进行详细的解读。本书主要内容包括水利的概念、水利水电工程的分类、水利水电工程承担的任务、水利水电工程的建设方法、水利水电工程面临的问题、未来水利水电工作的发展方向等。

由于作者水平有限，书中难免存在不足之处，敬请各位读者批评指正。

作者

2024 年 4 月

# CONTENTS 目录

一

# 水库和水电站的分类

说到水利工程，大家第一反应是水库和水电站。这是不错的，本来水库和水电站就是水利工程中最重要的组成部分。但是很多人对水利工程的认识就只有水电站，比如提到三峡水利枢纽一定会说那是个世界最大的水电站，这就出现认识偏差了。产生这样的认识偏差，与大家平时接触到的信息有关，因为一般来说发电是最容易看得见的效益，所以很多新闻报道或者科普文章都喜欢把水力发电作为衡量水利工程的最重要的甚至是唯一的指标。久而久之，在社会上就形成了水利就是水电站的固有印象，而且有些水电站因为发电而影响防洪、供水等其他水利需求，更有甚者个别水电站汛期放水、枯水期蓄水还给下游造成了损失。

但是除了水库和水电站，还有很多其他水利工程，像渠道、泵站、渡槽、堤防这种水利工程，但很容易区分——长的样子就比较与众不同。

水库和水电站比较难区分，因为很多时候水库和水电站本身是密不可分的。但是，想要从相对专业的角度更深入地了解水利工程，就必须要区分水库和水电站。不但水库和水电站有区别，即便是水电站和水库本身也分为很多种类。

要想了解水利工程，首先要能清楚区分不同的水利工程，本书从源头讲起，力求对水利完全不了解的民众梳理清楚脉络，真正地把水库和水电站区分开来。

“兴水利、除水害是治国安邦的大事”，这是我研究生期间实验室挂的字牌。水利本身作为一个相对小众的行业，不出“大事”（比如大洪水、决堤、堰塞湖）很少受人关注，也不起眼。不过呢，这段字牌其实也说出了水利专业的初衷和目的——兴利除害。

如果通过修建一种较为简单的工程就可以达到兴利除害的目的，那为何还要把工程修得那么复杂呢？正是由于不存在一种可以满足各种复杂任务、完成各种复杂功能的简单工程，所以才需要建设各种功能不同的工程，在满足单一任务或者较少任务的同时降低工程的复杂程度。具体到水利工程上，就出现了为满足单一任务或者较少任务而建设的水库和水电站工程，当然也有为满足多种任务而建设的复杂工程——水利枢纽。

## （一）水库

水库的建设一般是为了满足防洪、灌溉、生态保护、供水、航运等要求，在满足这些要求的前提下可以结合水头和下泄水量发电，这种水库工程一般称为水利枢纽。当然也有些水库完全就是为了发电而建设的，这种水库一般称为水电站（也可称为水库式电站、调蓄式电站）。这种水电站在南方比较多见，主要原因是南方水资源相对丰富，河流基本上不承担灌溉、供水任务，而河流水量（流量）相对较大，可以采用修库集中水头的方式利用河流的大流量来“专职”发电（水电站发电是流量和水头的双重作用，要么大流量，要么高水头。南方地区般是大流量，北方地区尤其是西北地区一般是高水头）；而北方地区的河流一般要承担较为繁重的灌溉、供水任务，所以很少有专职的水库式电站，各大水库都是在满足灌溉、供水的前提下，利用灌溉或者供水时下泄的水量顺便发电。

那么水库是如何分类的呢？一般可按照水库任务分类，分为综合水利枢纽和单一任务水库；可按照运行方式分类，分为调节水库和反调节水库；还可按照挡水建筑物的形式来分，可分为重力坝、土坝等。这些分法分别涉及水库的任务作用和水工建筑物类型等，在本书的后续内容中会陆续讲到。这里讲水库的基本概念，我们首先了解水库库容与来水量的比例——水库的调节能力，这个比例叫库容系数。按照调节能力（调节周期）来分的话，水库可以分为日调节水库、周调节水库、季调节水库、年调节水库和多年调节水库。

日调节水库就是水库库容相对比较小，只能把一天中的来水按照用水要求重新分配。一般来说，河流一天中的来水量是比较均匀的，24 小时的差异不大。但是用水户用水的要求在全天是不同的，比如工业用水和农业用水可能在白天是高峰期，这个时候需要大量的水，却没有那么多的水可用；到了晚上企业维持低负荷运行，农田灌溉用水量也减少了，不需要很多水了，但是河流来水还是那么大，只能让晚上来的水白白流走——浪费了。而有了一个小型的日调节水库，就可以把晚上的水存起来，白天下泄给下游使用，这样就解决了问题。

周调节水库库容相对来说也不大，只能将一周的来水按照用水要求重新分配。

季调节水库相对就大一些了，北方地区这种水库一般来说首要任务是农业灌溉，可以将夏天汛期的水存储一部分，用于秋季和第二年的春季灌溉用水，解决农业春旱问题，这种水库也被称为不完全年调节水库。季调节水库一般来说库容系数是不到 0.1 的，解释起来就是：这个水库多年平均来了 100 份水，它自己只能存储不到 10 份水，其他 90 份水是不能存储的。这么一看大家应该明白了，其实季调节水库的调节能力也很有限，仅仅是能将汛期的水存一小部分而已，这种水库是根本不足以影响河流水量分配的。三峡水库库容是 390 亿立方米左右（包括死库容），三峡水库来水是 3900 亿立方米左右，三峡水库就是季调节水库，长江入海口来水大约是 1 万亿立方米，也就是说长江还有 6100 亿立方米的水量是来自三峡下游，三峡水库根本不足以影响长江来水。

年调节水库是调节能力比季调节水库更强的水库，基本上可以将正常年份汛期多余的水全部蓄存，然后按照下游用水要求下泄（仅年内）。年调节水库库容系数一般为 0.1 ~ 0.3。

多年调节水库是调节能力最强的水库，堪称水库中的巨无霸，几乎是无所不能的。多年调节水库字面意思就是可以把许多年的来水都存下来，其实不是这样。多年调节水库的意思是可以把连续几个丰水年多余的水量存起来，供给可能的连续几个枯水年使用。比如，某条河连续来了五个丰水年，每年除了正常用水外，还多 5 亿立方米的水。对于年调节水库来说，它可能可以把第一年多出来的 5 亿立方米水存起来，但是由于库容限制，第二年又多出来 5 亿立方米它就存不下了，只能白白流走。而多年调节水库就不怕，它可以把这五年多出来的几十亿立方米水全部存起来。五个丰水年过后接着是连续五个枯水年，每年来水都不足以满足用水要求，每年都缺 5 亿立方米水，这个时候如果是个年调节水库，它第一年可以把缺的 5 亿立方米水补上，但是第二年、第三年……就无水可用了，因为它没有那么大库容，不能连续补几年的水。多年调节水库这个时候就可以大显神威了，每年都可以从自己之前存储的水量里分出来5亿立方米供下游使用，连续供应五年直到下一个丰水期到来。这就是多年调节水库的厉害之处。典型的多年调节水库比如丹江口水库，每年来水不到400亿立方米，库容就有290亿立方米，库容系数接近0.75，几乎可以对来水进行随心所欲的调节，所以丹江口水库作为南水北调中线工程的水源工程当之无愧。黄河上的龙羊峡水利枢纽，水库库容240亿立方米，来水量只有205亿立方米，库容系数接近1.2，这个数字意味着龙羊峡水库可以把一整年的来水全部装进水库而不下泄一滴水。

单从调节能力看，在河流上修建多年调节水库是最好的，但是考虑到资金、技术、移民、环保等现实需求，就出现了不同调节能力的水库，仅仅从水资源有效利用的角度看，有水库的河流是优于没有水库的河流的。

在此就水库的调节能力说几句：三峡工程如果想达到龙羊峡水库的调节能力，需要4500亿立方米以上的库容，但是从来没有听说龙羊峡水库带来了怎样的水利问题。黄河上的所有水库库容几乎是黄河年来水量（多年平均径流量）的2倍以上，理论上所有水库把闸门关闭，可以保证除库区之外的几千千米黄河河道里没有水，但是也从来没有听说黄河上的诸多工程带来了怎样的水利问题，反而正是因为黄河上诸多工程的强大调节能力，才保证了黄河流域在来水量少、用水量大的矛盾状况下，每年都能调剂出一部分水量用于维持河道生态，保证黄河不断流。近年来，各行各业、各类媒体讨论三峡工程的文章很多，讨论其他工程的却很少见，主要是因为：①水利是专业性很强的科学，很多水库网上没有公开资料，不好抄袭；②三峡工程是我国水利里程碑式的工程项目，网上信息很多，断章取义地随便抄一点儿东西，再加上一些似是而非的结论就足以让人对工程产生怀疑。质疑很容易，释疑很难，这是本书作者在多年工作中最大的感受。

## （二）水电站

相对于水库来说，水电站的种类就多了。

前述的水库式电站是水电站的一种建设形式，除此之外还有引水式水电站、混合式水电站、河床式水电站、半河式水电站，以及更专用（专业）的潮汐电站和抽水蓄能电站等。

水电站的建设形式很多，而水电站开发方式一般只有两种——调蓄式和径流式。怎么理解呢？这就好比我们常见的工业建筑和民用建筑，这个建筑可以是住宅、教学楼、电影院、写字楼、体育场、立交桥、工厂厂房、电厂的烟囱等各种形式。但是它们不外乎都是土木结构、砖混结构、钢混结构和钢结构等结构类型的建筑。水电站与工业建筑和民用建筑这种分法类似，可以有很多建设形式，但是开发方式一般就只有调蓄式和径流式两种。

水库式水电站、引水式水电站、混合式水电站这种分类方式是根据电站的建设形式不同分的。调蓄式水电站和径流式水电站则是根据水电站开发方式，对水的利用能力，是否具有调节能力分的。

**1. 按照开发方式分类**

（1）调蓄式水电站

调蓄式水电站一定是有水库的电站，比如水库式电站或者混合式水电站。也就是说，这种电站是带有一个水库的，因为有水库，所以可以自行调节发电用水，电站可以根据电力系统负荷需要而增加或者减少发电水量，随着发电水量的增减，以达到随时改变电站出力负荷，通俗地说，就是达到随时改变电站发电能力的目的。也就是说理想状态下，不考虑电网状况的话，只要水库里有水，水电站可以在0到其最大发电能力之间随时、任意切换，在这个范围内想怎么发电就怎么发电，想发多少电就发多少电。与传统的火电厂不同，只要发电水量随时增加或者减少，水电站的水轮发电机组可以随时改变出力负荷；而传统蒸汽轮机火电厂或者核电厂都不能随时改变出力负荷，当然最先进的燃气轮机火电厂是可以的。

我们知道，一个城市一天之中的电力负荷是不一样的，有高峰和低谷。一般白天负荷高，晚上负荷低。电力系统要根据用电需求来提供负荷，白天提供较高的负荷，晚上提供较低的负荷。这样一来问题就出现了。什么问题呢？就是构成电力系统骨干架构的火电厂和核电厂绝大部分都是蒸汽轮机，蒸汽轮机冷启动是一个消耗时间的、较慢的过程：需要先把水烧开才能让蒸汽推动蒸汽轮机发电。所以火电厂和核电厂如果想要随时改变负荷，那么就必须时刻保持某些备用机组处于热运行状态，不能冷锅炉以准备随时让蒸汽去推动汽轮机发电，即使电力系统暂时不需要那些负荷，但是为了应付随时可能增加的负荷，也必须保持这些备用机组的热运行状态，也就是让水一直开着，以便及时让汽轮机发电填补增加的负荷。让火电厂和核电厂来随时改变负荷以满足电力系统的需要，就要让备用机组一直处于工作状态，但是又不让它实际参与工作，白白消耗大量的燃料。这些燃料无论是电煤还是重油，都是极大的浪费。

而调蓄式水电站就不存在这个问题，水轮机是靠水的势能推动的，然后水轮机再推动发电机发电。通过增加或者减少推动水轮机运行的发电水量，就可以改变水轮机的运动，进而控制改变发电机的发电负荷。增加或者减少推动水轮机运行的发电水量只需要控制水轮机的导叶开度就可以，导叶开大一点儿，水就多一点儿，发电负荷就大一点儿；

导叶关小一点儿，水就少一点儿，发电负荷就小一点儿。只要水库里有水，就可以随时改变电站的负荷，以满足电力系统的要求，而不必像火电厂和核电厂那样消耗着燃料“时刻准备着”。所以，一般来说，电力系统中的大型调蓄式水电站是很受电网重视的，原因就是这种水电站拥有优越的调节能力，可以大大减轻电力系统运行的压力。

这种调节能力用专业的术语讲叫调峰能力，有调峰能力的电站在电力系统中可以起到调节电网负荷、削峰填谷的作用。

调蓄式水电站可以是水库式电站也可以是混合式电站。

（2）径流式水电站

径流式水电站相比调蓄式水电站就简单多了。径流式水电站，顾名思义，这种电站是依靠河流来水（径流）发电的。径流式水电站不对河流来水进行调蓄，只是按照来水发电。比如一个径流式水电站满负荷运行时需要80立方米每秒的来水量，而这时候河流来水只有40立方米每秒，那就没办法了，那这个水电站只能按照40立方米每秒的来水量发电，无法满负荷；来60立方米每秒的水就按照60立方米每秒发电；来80立方米每秒的水，那就满负荷发电；来100立方米每秒的水，还是只能按照80立方米每秒发电，多的那20立方米每秒的水只能白白泄掉，因为不调蓄。

通过上面的解读，大家应该都明白了，径流式水电站不能对河流来水进行调蓄，所以其发电本身是不稳定的，可能电网需要大负荷的时候，恰恰没有那么大的水，无法满足负荷要求；电网不需要大负荷的时候，恰恰来了很大的水，那就只好把多余的水泄掉。与调蓄式水电站相比，径流式水电站出力不稳定，调度运行不方便，只能在电网的基荷运行（风电和光伏发电也有类似的问题），劣势是非常明显的。但是因为径流式水电站开发建设容易，投资小，地形限制小，所以目

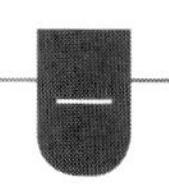

前是我国水电站开发建设的主要开发方式。我国大部分水电站都是径流式水电站，而拥有一个大水库、有调节能力的调蓄式水电站其实不多。

径流式水电站可以是水库式电站，可以是混合式电站，可以是引水式电站，可以是河床式电站，可以是半河式电站等。几乎可以适应所有的水电站建设形式。

**2. 按照建设形式分类**

大家都知道，水电站发电靠的是水的势能，通俗的理解就是水从高处流下来的冲击力，水砸在水轮机叶片上推动水轮机做功。所以水电站发电需要两个要素：第一要有水；第二水要从一定的高度流下来。必须有水！这个是必须的条件，毋庸置疑，在没水的地方也修不成水电站。所以，水电站建设形式归纳起来其实就成了如何让水从高处流下来的问题。任何建设形式都是要想办法让水从足够高的地方流下来。

（1）水库式水电站

这种电站理解起来很简单，就是在地形条件适合的河道处修建一座水坝，靠水坝把水挡住，蓄到水库里，随着水库蓄水，自然而然的坝前的水位就要比坝后的水位高了，就利用水坝形成的这个高度差发电。

水库式水电站可以是调蓄式电站，也可以是放弃调蓄能力的径流式水电站。

（2）引水式水电站

河流都是有一定坡度的，水都是从上游高处流到下游低处的，在流的过程中把势能都释放了，无法集中起来发电。与大家普遍认识的不同，河流并不是在所有位置都适合修水坝的，其实一条河流上能修水坝的地方屈指可数，但是又想修水电站，那怎么办呢？所以就有了引水式水电站。

假设一条河流的坡度是2%，也就是说，从上游往下游走1千米，垂直高度就降低20米，走10千米垂直高度就降低200米。那就可以在这条河流上选择一个位置，修建一座小小的引水渠首，后面接上渠道或者隧洞，让水从渠道或者隧洞里流走，而不从河道流走，同时这个渠道或者隧洞的坡度只有0.5%（为了说得通俗，此处不考虑有压隧洞和无压隧洞的区别，统一认为是无压引水），那同样走了10千米垂直高度才降了50米，这个时候渠道或者隧洞就与下游附近的河道有了150米的高度差，利用这个高度差就可以修建水电站了。在下游找合适的地方修电站，让水流从150米高的地方一下子冲击下来发电，发完电之后的水再回到河道里去，这种电站就叫引水式水电站。

一般来说，引水式水电站只能是径流式水电站。但是有调节池的可以做到日调节。

另外，从本书作者个人工作经验的角度分析，引水式水电站是对河流生态系统影响较大的水电站，而水库式水电站对河流生态系统影响相对较小。

（3）混合式水电站

混合式水电站就是水库式水电站和引水式水电站的结合体，修一个水库抬高一部分水位形成高度差，后面再修一段渠道或者隧洞获取一部分高度差，利用这两部分高度差发电。

混合式水电站可以是调蓄式水电站，也可以放弃调蓄能力做径流式水电站。

（4）河床式水电站

河床式水电站，顾名思义就是直接在河床上建设的水电站。这种水电站跟水库式水电站极为相似。只是水库式水电站一般水坝都比较高，至少也有30米，甚至二三百米的也不罕见。而河床式水电站直接

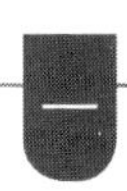

利用电站厂房当水坝，把水挡住抬高水位发电，所以一般抬高的水位都不高，也就七八米到十几米。因为水位差不大，所以河床式水电站形成的水库库容也不大，只具有有限的调节能力（比如只能日调节）。我国的葛洲坝水利枢纽就是典型的河床式水电站。葛洲坝水利枢纽就在三峡工程下游不远，三峡工程发电后水就流到葛洲坝水利枢纽继续发电，所以葛洲坝水利枢纽与三峡工程发电使用的水量几乎是一样的，但是三峡工程装机 2240 万千瓦，葛洲坝水利枢纽装机才 271.5 万千瓦，这也跟葛洲坝水电站水位差太小有关系。

河床式水电站可以是调蓄式水电站（但是调蓄能力有限），也可以放弃调蓄能力做径流式水电站。

（5）半河式水电站

与河床式水电站类似，但是半河式水电站只拦一半的河床或者三分之一的河床。半河式水电站并不算多见。

半河式水电站只能是径流式水电站。

二

# 特殊的水电站

除了前文讲的多种传统水电站之外，随着经济的发展、技术的进步，各类特殊的水电站的建设也进入发展的快车道，各地纷纷上马特殊的水电站。那么特殊的水电站有哪些呢？

## （一）抽水蓄能电站

抽水蓄能电站是一种特殊用途的水电站，它可以把多余用不掉的电能储存起来，等需要的时候再把这些电能释放出来。

抽水蓄能电站一般由上、下两个水库和抽水蓄能机组组成。抽水蓄能机组是一种特殊的水力发电机组，既可以作为发电机组发电（水从上水库通过水轮机流到下水库来发电），也可以作为水泵抽水（把水从下水库抽到上水库消耗电能，其实是把电能转化成水的势能）。

抽水蓄能电站有以下几个主要作用。

（1）在电网中承担调峰任务，稳定电网运行条件，提高电网运行质量。在一定的时间里，人们用电总是有高峰有低谷的。比如生活用电，一般来说晚上下班后到睡觉前就会比白天用电负荷要大，而午夜用电负荷又会变小，到了白天负荷又会相应地增大，如此反复。工业用电相对生活用电比较平稳，但是也有高低变化。

电网供电必然要随着用电负荷的变化而变化，负荷大了，那就需要加大供电负荷，简单理解就是用电多了，就要多供给；负荷小了，那就要减小供电负荷，简单理解就是用电少了，就要少供给。为了应对这种负荷的变化，在电力系统中专门有调峰运行的机组，随时调节电网的负荷。大家知道，在水电站中调蓄式水电站是有调峰能力的。

如果系统中缺少必要的调蓄式水电站（调峰机组），或者由于其他原因调峰不便——比如北方以火电为主的电网，调峰容量缺乏并且调峰代价高，而系统中又有装机容量巨大的核电和火电机组，他们要求在基荷安全稳定运行——这时候就可以通过修建抽水蓄能电站来解决电网调峰运行的问题。用电负荷低的时候，系统可以不降低或者少降低负荷而继续发电，发出来的多余的电让抽水蓄能电站用来抽水，把水从下水库抽取到上水库，将多余的电能转化为水的势能储存起来；用电负荷高的时候，系统可以不升高或者少升高负荷，让抽水蓄能电站把上水库的水通过机组下泄到下水库来发电，将储存的水的势能转化为电能，以满足系统负荷升高部分的用电要求。这是抽水蓄能电站传统的作用。

（2）提高新能源发电的电能质量。近年来，国内的新能源产业发展得如火如荼。我国已经是世界上可再生能源生产和消费的最主要国家之一，各地都建起了数量巨大的风力发电厂和太阳能光伏发电厂。新能源的发展，对于不可再生资源的保护、清洁可再生能源的有效利用和缓解环境污染都是有益的。但是新能源也有其制约因素，以风能为例，我们并不能控制大气的流动，也就不能控制风。恰好需要电的时候，偏偏没有风，发不了电；不需要电的时候，风来了，风机不停地发电……这就尴尬了。如果有条件的地方给风力发电厂配套一个抽水蓄能电站，就可以化解这种尴尬。当风力发电厂发出来的电没人用的时候，就可以用这些电来让抽水蓄能电站抽水，把电能储存起来；当风力发电厂发出来的电不够用的时候，就可以让抽水蓄能电站发电以补充不足。这是近年来抽水蓄能电站的新用途。

当然，抽水蓄能电站在电力系统中还具有调频、调相的功能，但是那属于纯电力系统范畴，不是本书讨论的主要范畴，在此就不多做介绍了。

## （二）潮汐电站

潮汐电站，顾名思义就是利用潮汐发电的电站。

有句俗语叫“人往高处走，水往低处流”。前面讲了水电站正是利用“水往低处流”这个特性，利用水的势能来发电的，潮汐电站也不例外。但是潮汐有个特性却是与众不同的——涨潮的时候水是往高处流的，退潮时水是往低处流的。潮汐电站在涨潮和退潮的时候都能发电，那么这是怎么实现呢？很简单，在海岸线合适的地方修建堤坝和水闸，在海边圈出来一座水库，涨潮的时候，把水库的发电闸门关闭，不让海水进来，外面的海水越涨越高，水库内外的海水有了高度差，当这个高度差足够发电的时候，打开水库发电闸门，让海水通过水轮机进入水库，同时利用高度差产生的势能发电。退潮时也是一样的，把发电闸门关闭，不让海水出去，外面的海水越退越低，水库内外的海水有了高度差，当这个高度差足够发电的时候，打开水库发电闸门，让海水通过水轮机流出水库，同时利用高度差产生的势能发电。

## （三）反调节电站（水库）

反调节电站（水库）是一类非常重要的水利工程。本书之前的内容中讲过，有调节能力的调蓄式水电站可以通过调节发电水量进而调节发电负荷，以达到调节电力系统负荷，保证电网正常运行的目的。

但是这个世界上没有十全十美的事，所有的事情带来的结果必然是“几家欢喜几家愁”，调蓄式水电站的运行也是如此。为什么这么说呢？因为一般来说，一条河流不可能仅仅只承担发电任务，北方很多河流承担着很重的灌溉任务，而南方的河流一般都有航运任务。无论是灌溉还是航运都有个最基本的要求——保证河道来水的稳定。就灌溉来说，需要连续几天引用稳定的流量灌溉农田，河道里一会儿有水一会儿没水显然是没办法灌溉的。航运更是要求河流有稳定的流量来保证航道的水深，别说河道里一会儿有水一会儿没水了，就是河道里水位变幅过大都可能导致水上交通的严重拥堵。

但是调蓄式水电站在调峰运行时，必然会导致下泄水量的忽大忽小，不然没办法调节电站发电负荷，甚至极端的情况下可能会关闭闸门完全不发电，完全不下泄水，这也尴尬了……下游农田等着灌溉引水呢，水量忽大忽小甚至断流了；下游航道有很多船呢，水量忽大忽小甚至断流了。下游灌溉也好、航运也好怎么正常工作？长此以往，必将导致灌溉、航运与发电的矛盾激化。而且在我们国家，相对发电来说，灌溉肯定是更基础、更重要的用水需求，毕竟民以食为天嘛。如果发电影响到灌溉了，肯定要牺牲发电保证灌溉——水利上经常讲的“电调服从水调”就是这个意思。

那么这个矛盾如何解决呢？水利上我们采用的办法就是修建反调节电站（水库）。在调蓄式水电站下游不远处再修建一座水坝，形成第二座水库（第一座是调蓄式水电站的水库）。调蓄式水电站调峰运行下泄的那些忽大忽小的水先进入这个第二座水库。这个第二座水库利用自己的库容对这些水调节后再均匀下泄。调蓄式水电站下来的水多了，就存到反调节水库里；下来的水少了，就从反调节水库里补充下泄。总而言之，就是满足下游灌溉或者航运对水的稳定要求，同时下泄的那些水还可以用来再发一次电，这样就基本上完美解决了这个问题。

三峡工程下游有葛洲坝水利枢纽。葛洲坝水利枢纽就可以作为三峡工程的反调节水库；黄河小浪底水库下游有西霞院水库，西霞院水库就是作为小浪底水库的反调节水库而修建的。它们的作用就是对两座各自河流上重要的水利枢纽进行反调节。其他大型水利枢纽中，长江支流清江上的高坝洲水电站是隔河岩水利枢纽的反调节工程。

前文讲到了抽水蓄能电站在电网中的地位和作用。在此延伸一点儿，大概讲一讲不同电厂（站）在系统中的地位：电力系统的骨干电源点架构一般来说只能由火电厂、核电厂和部分具有强大调节能力的调蓄式水电站来承担。径流式水电站、风电厂、太阳能光伏发电厂是不能承担传统电力系统骨干电源点架构的。

# 谈谈地震

水利专业中包括工程地质专业。因为水利工程一般遇到的地质问题都比较复杂，所以本书作者一直认为，相对而言水利行业的地质专业人员素质、素养是比较高的。作为水利工作人员，掌握必需的地理和地质知识是工作的基础之一。地震是一种猛烈的地质活动，也是一种让人“谈虎色变”的灾害。

地震是地质问题或者地质灾害的一种，而且是在历史上给人类造成深重灾难、在人类意识里留下难以磨灭的痛苦印记的灾害。与地震相比，虽然滑坡、塌方、泥石流这种地质灾害同样是非常致命的，但是留在人们记忆中的印象就浅多了。无论是媒体还是社会大众，谈地震变色，畏地震如虎。在自然面前，任何一个人类个体都是渺小且微不足道的。每当发生大地震之后，各种有关地震的传言一起出现，而且往往为了吸引大众的眼球或者为了达到其他目的而故作惊人之语，混淆大众本就不算明了的认知。基于此，本书就从地震的震级和烈度，地震预报和地震预警两方面对地震做一个通俗的解答。

## （一）地震的震级和烈度

什么是地震的震级？什么又是地震的烈度呢？

关于地震的震级和烈度，是最容易混淆的概念，甚至专业人员也可能出错。震级表示的是地震的大小，释放的能量多少，震级每增大一级，能量大约提高 30 倍；烈度表示地震的破坏程度，就是地震对地面的影响，更直接地说就是对人的影响。

下面举两个例子解释地震的震级与烈度的区别，一个例子同样是白炽灯，另一个例子是炸药。

第一个例子：这里有两个白炽灯泡，一个是 100 瓦的，一个是 10 瓦的。那么这两个灯泡谁耗电量高？显然是那个 100 瓦的。相同的时间，100 瓦的灯泡向外释放的能量是 10 瓦灯泡的 10 倍。那么这两个灯泡谁亮呢？是 100 瓦的。不对！为什么不对？让我们做如下分析。100 瓦的灯泡在离你 1 千米之外发光，10 瓦的灯泡就在你身边发光，那哪一个灯泡更亮？显然是 10 瓦的。地震的震级就相当于两个灯泡的瓦数，100 瓦的比 10 瓦的大；6 级地震比 5 级地震大。烈度就相当于灯泡相对于用它来照明的人感觉到的光亮，100 瓦的在 1 千米之外，10 瓦的在身边，显然 10 瓦的给人的感觉更亮；6 级地震在 100 千米之外，5 级地震就在脚下发生，那 5 级地震很可能就比 6 级地震厉害，这就是烈度。

第二个例子：有两堆炸药，一堆 1 吨，一堆 1 千克。那么两堆炸药谁的威力大？显然是 1 吨炸药的威力远远大于 1 千克炸药。但是这个 1 吨的炸药在 10 千米之外，1 千克的炸药就在你面前。你害怕哪个爆炸？显然是害怕 1 千克的爆炸。为什么？因为 1 千克的爆炸了对你的影响大，1 吨的爆炸了对你几乎没有影响。在这里炸药的威力就相当于地震的震级，它爆炸了对旁边人的影响就相当于烈度。

这样解释是不是就清楚许多了？震级表示地震拥有的（释放的）能量的大小，烈度表示地震对地面的破坏程度。

因此，在建筑设计中是对地震烈度设防，而不是对地震震级设防。

一般都说这个建筑可以防几度烈度，而不会说这个建筑可以防几级地震。

说完了震级和烈度，我们来具体聊两次具体地震的区别。一次是汶川地震，一次是日本的“3・11”地震。为什么汶川地震伤亡大于日本的“3・11”地震？在这儿我们不谈地形地质条件和人口密度等因素，只谈震级和烈度。日本“3・11”地震的破坏程度远远不及汶川地震。

汶川地震震级是里氏8级，日本的“3・11”地震震级是里氏9级，根据震级来看，“3・11”地震释放的能量是汶川的30倍。然而，汶川地震是直接发生在汶川脚下（震中就在汶川），就在几个县城的附近，据说震中烈度达到了骇人听闻的11度（11度就意味着建筑物到底倒塌不倒塌只能看运气了），日本的“3・11”地震其实是发生在西太平洋上，震中距离最近的日本仙台市直线距离还有130多千米，距离东京市有将近400千米远。所以，虽然释放的能量大了30倍，但是能量在100多千米的传播过程中已经衰减得非常厉害了。本书作者没有查到“3・11”地震时日本任何一地的烈度，从地震的破坏形式看估计烈度不会高。还是以汶川地震为例，距离汶川直线距离约90千米的成都市，在汶川地震中受到的影响并不是特别大。就破坏程度而言，“3・11”地震是不如汶川地震的。“3・11”地震的主要破坏是地震引发的大海啸对沿海地区的破坏，这属于地震的次生灾害了，当然汶川的山体滑坡、堰塞湖也是次生灾害。

## （二）地震预报和预警

地震预报和预警究竟是不是一回事？究竟是怎么回事？

地震预报和预警是完全不同的两回事。地震预报是在地震发生之前做出的判断，地震预警是地震发生后做出的警报。许多新闻媒体会把地震预报和地震预警混淆。还是以地震频发的日本举例，前些年许多媒体争相报道，说日本已经掌握了成熟的地震预报技术，可以提前 1 分钟到 30 秒预报地震。其实这是错误的说法，日本并没有成熟的地震预报技术，全世界其他地方也没有，日本提前 1 分钟到 30 秒其实是地震预警，而不是地震预报。

什么是地震预报？地震预报就是根据地质特点、地壳运动规律、长期地震统计资料以及大地震发生之前的种种异常自然现象及动物的异常反应判断出地震发生的可能性。因为地震是地壳运动的结果，而以人类目前的科技水平，实现对地壳运动的观测是极为困难的，所以地震预报技术的发展不像天气预报一样比较成熟准确，可以说地震预报至今都是完全不能用于指导实际工作的。我们目前的地震预报大约只能通过大数据的统计做到预报某一个大区域（比如说整个西南地区）在未来几年中发生震级超过 ×× 级地震的概率。这种预报只具有学术意义，对地震防御几乎是毫无价值的。比如说预报出了未来五年整个西南地区会发生里氏 7 级地震。预报地足够广阔，预报期限拉得足够长，那么这种预报中的地震一定是能发生的，但是没有意义。因为西南地区这个范围太过广阔，5 年的时间也太过漫长，不可能让整个西南地区的人民 5 年时间一直处于一种防范未知地震的恐慌中。而且，说不定这 5 年中必然会来临的地震发生在西南地区的无人区，根本不会对人们的生活造成影响。当年汶川地震后，有不少人以一本非地质类和地震类学术期刊上的文章来质疑专业的地震研究学者。那篇文章是一位非专业人士对地震的预测。预测了从 2005 年左右开始，未来五年内西南地区会发生里氏 7 ~ 8 级地震。本书作者曾仔细看了那篇文章，苦笑不已。为什么呢？原因如上所述，该文章所做的这种预报不具有任何可操作性。而且该文章没有任何地质、地理学的研究，而是通过统计学得出的地震的结论。理工科本科生应该都学过《概率论与数理统计》这门课，甚至很多非理工科的，比如经济学、会计学专业的学生也都学过这门课。概率论的一个基本公理是只要样本足够多，那么样本的分布一定是正态分布的。也就是只要样本足够多，可以精确地预测某件事情的发生。那篇文章拿了近100年西南地区地震统计的资料，而并不管这种地震是发生在无人区还是什么其他地方，得出了这么一个结论，完全不意外。但是这个结论有什么用呢？普通人甚至不需要统计资料，现在就可以做一个类似的预测：在未来5年西太平洋地区一定会发生里氏7级以上的地震。而且这个预测一定是正确的，但是对于防御地震没有任何作用——因为时间和空间的跨度太长了。

地震预报在长期预报的基础上一定要结合震前的种种异常自然现象及动物的异常反应来判断。但是震前的种种异常自然现象及动物的异常反应未必是每次都能观测到的，而且这种异常自然现象和动物的异常反应只能说明在未来的某段时间在这个较小的范围内可能会有地震，但是时间和震级依然不明确。作为决策者，很难下定决心让普通民众处于防御地震的预备状态中。比如冬天，总不能让民众每晚都睡在室外来防御不知道何时到来的地震。

全世界唯一的一次准确的地震预报是1975年中国辽宁的海城地震。这次地震预报分别从长期、中期和短期的角度进行了较为精准的预报，而且震前征兆已经十分明显。即使如此当时的辽宁省也下不了决心进行震前防御。原因如前所述，地震可能没发生或者发生的时间拖得很久或者地震不具有破坏性。海城地震是2月4日发生的，在零下十几度的冰天雪地中能下决心发布地震临震预报，做好防震准备，撤离相关人员，辽宁省当年真是做了一个富有勇气的决定，一个非同一般的决策，拯救了许多人的生命。

讲了这么多，其实就是在反复论证一个观点，地震预报是非常非常困难的工作，几乎不可能成功。全世界迄今为止唯一的成功例子在中国。

那么地震预警又是什么？这个相对地震预报就简单多了。地震预警以地震频发的日本做得比较好。近年来看公开报道，我国也在进行相关研究。但是我国的地震预警工作相对日本要难推进得多，主要是因为我们的地震大都发生在陆地上，如果发生在无人区，不需要预警；如果发生在人口稠密区，没时间预警，这个和日本是很不一样的。

所谓的地震预警其实就是在可能发生地震的区域，设置灵敏的信息感知、传输和反馈系统。比如设置足够多精密的传感器，当地震发生后，地震波扰动传感器，传感器感知地震后，通过信息传输和反馈系统将地震信息传递给远方的接收者。地震波的传播速度是有限的，比如 100 千米外发生了地震，地震波传递过来或者地震造成的海啸等次生灾害传递过来需要一定的时间；而传感器信号是光速传播的，可以说是不需要时间的——地震发生的同时就可以让 100 千米之外的人知道地震已经发生。利用传感器和地震波的时间差，为预防地震本身的灾害及次生灾害争取几十秒到一两小时的预警时间。为什么说地震预警对日本较为有用？因为日本发生的地震大都为海上地震，地震发生后地震波以及由于地震而引发的海啸等次生灾害传播到日本需要一定的时间，可以利用传感器和地震波的时间差来争取防御地震和次生灾害（比如海啸）的时间。

为什么我认为中国的地震预警没有日本那么有效？如前所述，主要是因为我国的地震大多发生在陆地上，如果发生在无人区，不需要预警；人口稠密区，没时间预警。当然中国的地震预警还是有效的，只是效果不如日本那么明显，原因还是我国的地震大多发生在陆地上。

地震预警本身在技术上没什么可说的，无非打了一个光速和机械波传播的时间差而已，并不神秘。

四

# 能量来自哪里

能量是一切物质运动的基础。人类社会的生存和发展离不开能量，水利水电工程中的水力发电更是以生产人类可以利用的能量为第一要务。那么能量究竟来自哪里呢？能量来自柴火、煤炭、石油、天然气，来自电厂呗！估计很多人看到这个题目都会不由自主地笑出声——这么简单的问题，闭着眼睛都知道答案。

这么回答，确实不能说不对。但是没有触及问题的实质，能量究竟来自哪里？柴火、煤炭、石油、天然气这些物质中蕴含的能量究竟是谁赋予的？答案是，能量绝大部分来自太阳。

我们来复习一下高中地理：能源是能量的来源，能源分为一次能源和二次能源。一次能源就是没有经过人类加工而直接从自然中取得的能源，比如柴火、煤炭、石油、天然气；二次能源就是经过人类对一次能源加工而产生的能源，最典型的就是电能。二次能源其实是一次能源加工后的产物，弄清楚了一次能源的来源，那么二次能源的来源问题也就迎刃而解。

下面，我们大家共同来破解一次能源的来源：

（1）生物能，提到生物能大家想到的是什么？沼气，对不起，沼气是二次能源。生物能的一次能源包括什么？其实产生沼气的原材料都是一次能源。比如柴火、树枝、秸秆、烂木头、稻草、枯枝败叶之类的，总之就是各种有机质。它们的来源是哪里？当然是太阳。地球上的有机质 99% 都是通过植物和某些微生物的光合作用生产出来的，可以说没有光合作用就没有有机质，没有有机质自然也不会产生地球繁盛的生态圈。而光合作用就是利用太阳光把无机物合成有机质，同时把太阳能储存在有机质中，这些有机质组成了植物。植食性动物把植物吃了，把植物储存的太阳能储存在自己体内，供生命活动；食肉动物捕食植食性动物，把植食性动物储存的太阳能储存在自己体内，供生命活动。太阳能就这样通过食物链在地球上传递。所以生物能来源是太阳。

由生物能转化的二次能源，比如沼气、人类使用的畜力（用大牲畜拉车、推磨、骑马等），都是来源于太阳能。当然现代科技的发展，人类可以人工合成一些有机物，但是合成这些有机物同样需要大量能量，主要是电能，其实这些能量也基本来源于太阳。

（2）煤炭、石油、天然气等化石能源。煤炭是由久远的古代的森林形成的；石油和天然气一般认为是由远古时期的微生物形成的。森林和微生物的能量来源都是生物能，所以化石能源的来源依旧是太阳。

（3）风能。风的形成是由于不同地区的空气气压不同，产生的气压差造成的。气压的不同源自不同地区空气中能量的多寡不同，空气的能量源自其吸收的太阳辐射。不同地区接受的太阳辐射不同，所以气压不同，空气从高气压区域流向低气压区域就形成了风。所以风能依然是太阳能的一种表现形式。

（4）水能。水从高处流向低处，其拥有动能和势能。那么这些动能和势能是哪里来的？水在海洋或者江河湖泊中被太阳所蒸发，变成水蒸气飘到空中，水蒸气随着空气的流动飘到远方（空气流动的动力来源前面提到了，也是太阳能），后变成雨雪落下来，这些雨雪再汇集成河流从高处流向低处。所以水能的来源依然是太阳。不单是水能来自太阳，整个地球水圈的循环都依赖太阳能。

（5）核能。我们目前知道的核能有两种，裂变能和聚变能。其中裂变能是人类可以控制的能量，也是实际应用于人类社会的能量，聚变能还处在实验室研究阶段。裂变能源自放射性元素的裂变反应。放射性元素是超新星爆发形成的。超新星爆发其实就是恒星年老死亡。在超新星爆发过程中形成了原子序数大于铁的各种元素，然后将这些元素抛射到它周边的宇宙中，经过漫长的时间这些元素机缘巧合地构成了地球的组成部分。所以，核裂变能源也来自“太阳”，不过不是我们的太阳，是已经死亡的别的“太阳”。

（6）地热能。地热能主要是指地下热水和热蒸汽，比如温泉就是地热能的一种表现形式。地球内部产生的热量将水加热，形成温泉甚至是蒸汽泉供人类利用。一般认为加热这些水的能量来自地球内部放射性元素衰变。地球内部放射性元素来源于超新星爆发。

（7）潮汐能。海水周期性的涨落，其实也是蕴含有巨大的能量的，可以用来发电，潮汐电站在本书之前的内容中已经简要地介绍过了。潮汐能是由于太阳和月亮在不同时间对地球的引力不同而产生的。所以潮汐能部分源自太阳，部分源自月亮。

能量的形式还有许多种，但是最常用的就是以上所列举的。现在我们可以说了：能量绝大部分来自太阳，太阳提供的能量中的大部分来自我们的太阳，还有一部分来自别人的“太阳”；剩下的一小部分能量来自月亮。

顺便说一下核聚变能量的来源。核聚变主要使用氢的同位素。根据大爆炸理论，氢包括它的同位素是在大爆炸之后短短的几秒时间形成的。所以如果以后可控核聚变成为现实，那么我们的能量来源又多了一种——宇宙大爆炸。

五

# 集水面积与径流

水文学可以说是水利专业的基石，本书讲的水文学是陆地水文学。通俗地说水文学研究的是水在陆地上的运行规律，这里的陆地不仅仅指河道里，而是包括陆地上所有水能到达的地方。水文学需要研究的东西很多，包括径流——也就是河道里的水流，洪水、流域面积、来水频率等内容。只有充分研究并认识水的运行规律，才能修建工程对水因势利导、兴利除害。整个水利专业的大厦都是由水文学支撑起来的，对水文不了解是无法理解水利专业体系的，水文学的重要性毋庸置疑。

集水面积与径流又是水文学的基础之一，所以就从集水面积与径流开始说起吧。

本书作者开始酝酿相关水文学科普作品的时候是 2017 年 3 月下旬。这个季节，在祖国的中、东部已经是草长莺飞、姹紫嫣红；即使在 100 多千米外东天山南坡的吐鲁番市也已经是杏花争相报春的时节，然而本书作者所在的乌鲁木齐市依然是一派茫茫雪原，寒风萧瑟。当时记得气象台不无忧虑地预报：2017 年 3 月 19 日夜到 22 日，乌鲁木齐市将会有大暴雪。然而奇怪的是雪居然爽约了，本书作者因为雪的爽约一下子来了灵感——关于水文学的话题就从乌鲁木齐的雪开始说起吧。

乌鲁木齐漫长冬季的降雪对于人们出行的方便与安全都是极大的考验，相信大部分乌鲁木齐城市居民对于城市里的降雪都是倍感无奈的。所以，雪下到吐鲁番、下到伊犁、下到石河子、下到哈密等地方都可以，只要不下到乌鲁木齐那就不让乌鲁木齐市民担心出行的难题。为什么？因为雪没有下到乌鲁木齐辖区范围之内就不会对乌鲁木齐造成影响，所以不担心。由此引出水文学的第一个话题——河流的集水面积，也就是河流的辖区。

我们知道，河流的水大部分是靠降雨、降雪补给的；在河流的源头一般也会有冰雪和冰川消融补给，但是冰川也是漫长历史时期形成的固态降水，从成因上来说仍然属于广义的降水；另外有部分小河是靠泉水补给的。

所以一般来说，看一条河的水多少，主要是看它能“收集”到的雨雪多少（暂不考虑不同地区降水量的差异，那是另一个问题）。收集到的雨雪越多，河流的水就越多。但是，下雨或者下雪一般都是一个广大的区域，比如某一省范围，甚至是某几省的范围，不会特意下到某一条河里面。怎么能尽可能多地“收集”到雨水呢？河流不能控制下雨的范围，但是可以尽可能扩大自己“收集”雨水的范围，雨下在一个省，这条河就把这一个省都变成自己的地盘儿；下在几个省，就把这几个省都变成自己的地盘儿，让所有的雨水都流到自己的河道里，这样不就可以尽可能“收集”多的雨水了嘛。这个地盘儿就是集水面积。

当然，河流扩展自己的地盘儿是个开玩笑的说法，河流是无法主动扩展地盘儿的。河流的集水面积都是漫长的地质时代形成的，是多大就是多大，基本不会改变。在蜿蜒的山谷中，在山间盆地穿行的河流，下雨或者下雪降落在两岸山上的水会沿着山坡流下来，汇集成小溪，小溪再汇集成小河，小河再汇集到大河里，这样河流就把它的集水面积上的能收集到的雨水全部收集到了。

集水面积是怎么算的呢？我们把河谷和山间盆地想象成一个大水盆，两岸的山就是水盆的盆壁，只要下在盆壁范围以内的雨水最后都会流到水盆里。那么从盆壁到水盆内部，这就是集水面积。一般来说以山脊线为界，山脊线以下朝向河流的所有面积都是河流的集水面积，山脊线另一侧就是另外一条河流的集水面积了。这样的山脊线就是分水岭。新疆的达坂就是山脊线上较为低矮的地方，虽然险要但是可以通行。在古代没有开凿隧洞技术的时候，山区的交通主要就是依靠河谷和达坂来沟通。

当降水量一定的时候，集水面积就决定了一条河水量的多少。一整条河的集水面积就是这条河的流域面积。集水面积是决定一条河水量多少的重要因素之一。那么显然同一条河流在不同的地方（断面），它的集水面积是不一样的，所以它能收集到的水量也是不一样的。

比如长江在入海口大约有 9600 亿立方米的水量（多年平均径流量 9600 亿立方米），但是在三峡就只有大约 3900 亿立方米水量（多年平均径流量 3900 亿立方米）。就是因为两个地方集水面积不同。

比如黄河在入海口大约有 560 亿立方米的水量（多年平均径流量 560 亿立方米），但是在龙羊峡就只有 205 亿立方米的水量（多年平均径流量 205 亿立方米）。也是因为两个地方集水面积不同。

比如澜沧江–湄公河，湄公河在湄公河三角洲入海口那里大约有 4750 亿立方米的水量（多年平均径流量 4750 亿立方米），但是澜沧江在我国境内（以出国境断面计算）只有 700 亿立方米的水量（多年平均径流量 700 亿立方米）。同样是因为两个地方集水面积不同。

比如雅鲁藏布江–布拉马普特拉河，布拉马普特拉河在入海口处大约有 6180 亿立方米的水量（多年平均径流量 6180 亿立方米），但是雅鲁藏布江在我国境内只有 1400 亿立方米的水量（多年平均径流量 1400 亿立方米）。还是因为两个地方集水面积不同。

# 六 利用径流聊一聊河湖水库的关系

长江是我国的第一大河，三峡工程是我国最著名的水利工程。近年来关于长江和三峡工程的各种讨论非常丰富，刚说完了集水面积与径流，我们趁热打铁来粗浅地聊一聊长江上河湖水库的关系。

先说长江。长江多年平均径流量大约9600亿立方米。也就是说，长江平均每年能在它的集水面积（流域面积）上收集9600亿立方米的水。

长江三峡断面多年平均径流量大约3900亿立方米，也就是说长江每年能在三峡以上的集水面积上收集3900亿立方米的水。什么意思呢？就是说长江还有近6000亿立方米的水是从三峡下游收集的。长江在三峡工程以下河段还有清江、汉江，洞庭湖水系的湘江、沅江、资江、澧水，鄱阳湖水系的赣江、抚河、信江、饶河、修河等河流，甚至到上海还接纳了最后一条支流黄浦江。

再说三峡工程。说三峡工程的什么呢？说一下三峡工程对下游湖泊水量影响的问题，因为这个跟集水面积关系密切。

近年来在媒体上经常可以看到长江下游洞庭湖、鄱阳湖枯水期干涸的新闻。因为三峡工程建成了，汛末会蓄一些水用于发电、航运以及枯水期向下游补水等。联想到三峡工程的蓄水与下游湖泊的季节性干涸，不少人就开始产生疑问——是不是三峡工程影响了下游的湖泊啊？

带着这个问题，利用刚刚了解的集水面积与径流的有关知识，我们试着分析一下。长江在三峡以上集水面积产的水大约是 3900 亿立方米，在三峡以下集水面积产的水大约是 6000 亿立方米，其中洞庭湖水系的集水面积产水大约 2000 亿立方米，鄱阳湖水系的集水面积产水大约是 1500 亿立方米，两湖水系产水量基本上占了长江三峡工程下游产水量的 60%。洞庭湖和鄱阳湖与长江的水量交换是每年汛期长江来水量大的时候，长江水进入两湖，两湖承担了接纳长江洪水的任务，为长江防洪作出了贡献（围湖造田严重影响湖泊调节洪水的能力，所以近年来才要搞退耕还湖）；汛期在一年中所占的时间相对较少，其他时间是洞庭湖和鄱阳湖的水向长江里流，补充长江的水量，最终两湖水系产生的水都是要通过长江东流入海的。

一年中大部分时间是两湖自己产的水流向长江，汛期来大洪水时是长江的水进入两湖，这是正常的河湖关系。所以，到枯水期两湖水量减少、水位降低是很正常的自然现象，每年都会发生。只是前些年信息传播不够便捷，知道的人不多；近年来信息便捷了，公众都知道了这个现象，而随着公共信息媒介的发展，自媒体的兴起，公众参与公共话题的渠道也增多了，对湖泊枯水期水量减少，水位下降这样正常的自然现象进行自发的讨论也是很正常的事情。只是，从科学的角度讲，不说湖泊水量丰枯变化本来就是正常的，就算从集水面积和产水量来说，也不应该三峡工程承担这个责任。三峡工程那个位置只能收集长江 40% 的水量，而三峡水库只能储存长江 4% 的水量，但是洞庭湖和鄱阳湖本身都产了长江 20% 和 15% 的水量，还有汉江、清江等三峡工程下游支流的大量水补充。

湖泊枯水期周期性的干涸，是多因素共同作用的结果：降雨状况、长江的来水状况、用水状况、湖泊水系本身对水资源的人工调节可能都会影响湖泊的周期性丰枯变化，仅仅将湖泊的丰枯变化归咎于某一个因素，显然不是科学精神和科学态度。

三峡工程建成以来，解决了长江中下游防洪的难题，进一步开拓了长江黄金水道的航运价值，当然也为电力系统提供了清洁的电力电量。它也肯定存在很多问题，但是问题的存在不是否定其价值的原因，问题本身需要去解决，而不是用来指责。

七

# 利用径流的知识泼些冷水

“以水为兵”是古今中外众多军事家的必备技能,《孙子兵法·火攻篇》中就有“故以火佐攻者明,以水佐攻者强。水可以绝,不可以夺”的记载。

历史上无数战争都是采用水攻的战术分出了胜负。三国名将关羽水淹七军,“威震华夏”就是利用了水的力量。

近代以来,由于军事科学的发展:大比例尺地形图、电子地图、卫星地图的大规模应用,飞机、自行火炮、坦克装甲车辆等技术兵器的普及,后勤保障的机械化,军事地理学的传播,军事伦理学的进步等,使得各级指挥员对战场态势的感知能力大幅度提高,战斗(战役)推进速度大幅度加快,导致水攻这一古老战争手段在战术层面逐渐弱化,使用者越来越少。

那么水攻在战略层面还有没有价值呢?恰好本书作者少年时代算是一个“军迷”,就这个问题谈一谈自己的认识。

网络媒体兴起之后,为了所谓的“流量”,在进行新闻报道时,各路媒体和自媒体都喜欢采用惊悚的标题,对各种“战略”进行“提纲挈领”式的规划。原因也相对简单，规划的东西一般都是大而化之的，即便非专业领域的非专业人士，对着某个问题进行一些原则性的论述，大多数时候也不会露怯。“军迷”群体的讨论也存在这个特点，对“战略”进行论述要比对战术、对技术进行论述简单得多。关于在战略层面利用水攻获得军事胜利的讨论就在这种氛围下兴起了。

水攻在战略层面是否真的具有极大的威慑力呢，让我们来科学分析一下吧。

本书之前已经讲了集水面积与径流、径流与河湖水库的关系、河流不同断面的径流等内容。我们知道，一条河流不同断面的集水面积是不一样的，相应的不同断面收集到的水量也是不一样的（就是径流量不一样）。说一条河有多少水一定要明确是哪个断面才行。

假设世界上存在这样一个国家，绝大多数跨境河流都由这个国家发源，看起来似乎是这个国家掌握了这些跨境河流的水源命脉。然而这个国家只控制了这些跨境河流径流量的 15% ~ 20%（也就是出国境断面径流量只占全河径流量的 15% ~ 20%）。以 15% ~ 20% 的水控制全流域现实吗？显然是不现实的。下游国家平时见过的常遇洪水比上游国家几十年一遇的洪水都大，所谓“以水为兵”的人造洪水下游国家根本不在乎。而且上游国家如果没有在河流上建设调蓄能力巨大的水利枢纽工程，就算是想人造洪水又能造出来多大的洪水呢？所以上游国家在“以水为兵”这件事上对下游国家的影响力极为有限——因为上游国家只有 15% ~ 20% 的水量。

## 八

# 十年一遇、百年一遇、千年一遇、万年一遇洪水是什么意义

手拿一个硬币，抛到空中，有可能是正面朝上，也有可能是背面朝上，在抛出去之前并不知道究竟是哪一面朝上，各有一半的机会——这叫随机事件。如果抛一百次、一千次、一万次呢？就会出现基本上正反面对半的情况，也就是说在大量实验数据中出现了正反面的情况各占一半。

在抛硬币之前我们并不知道硬币哪一面朝上，只是知道无论是正面朝上还是反面朝上，各有一半的机会，这叫概率。

经过了无数次地抛硬币，发现基本上正反面各占一半，这叫频率。

经过大量数据实验，最后抛硬币的结果是概率大约就等于频率了。这是《高等数学》中的重要分支《概率论与数理统计》中一个经典的问题。

说水利上的十年一遇这些事情呢，我们为何要先讲这么晦涩难懂的数学问题？因为十年一遇、百年一遇这些事情其实从根本上说还是概率和统计的事情，所以要先稍微讲一讲概率统计。

概率统计中有许多经典的统计模型，比如正态分布。大量数据的分布规律都是可以用统计模型表示的。

水文学中,水文数据的分布采用的是P-Ⅲ曲线分布模型来表示(本书作者个人观点,如果数据足够多,那么必然会趋向正态分布。由于水文统计是人类有意识的活动,从有水文统计到现在也不过几百年历史,积累的水文数据还不够多,所以采用的是P-Ⅲ曲线分布)。

如果一条河每年的来水都超过了1亿立方米,那么可以说1亿立方米的来水是必然发生的事件,那么它的概率是100%(比如说,某河流入海口处多年平均来水超过1万亿立方米,该河流入河口处每年的来水量肯定超过1亿立方米,所以该河流入海口处来水超过1亿立方米这件事件就是100%必然会发生的事件)。如果一条河在10年中,只有1年的来水超过了10亿立方米,其他9年来水都不到10亿立方米,那么可以说,10亿立方米来水这个事件发生的概率很小,只有10%。由于江河来水(径流)相对还是差异不大的,就目前统计资料显示,有统计资料以来,河流来水最多和来水最少年份水量差异最大也就是十几倍,所以频率和概率的概念更多的是出现在洪水中。

假设有某条河100年的洪水资料,对这100年的洪水资料进行分析,按照P-Ⅲ曲线模型把所有的数据(洪峰或者洪量)从小到大排列,这100年中最大的一场洪水(洪峰最大或者洪量最大,一般用洪峰)就是100年一遇的洪水,发生的概率是1%。因为没有其他资料,只有这100年的,那么只能在这100年的资料里面找了。在这100年中,第二大的那场洪水就是50年一遇的洪水,概率是2%,100年里来了两次,以此类推。各位是不是觉得这样有些不严肃?但是现实就是如此,因为资料太少。

因此,所谓的十年一遇洪水就是在100年资料里第十大的那场洪水,概率是10%。以后如果发生了和它(洪峰或者洪量)一样大的洪水,那么就把这洪水也叫作十年一遇洪水;所谓的百年一遇洪水就是在 100 年资料里最大的那场洪水，概率是 1%，如果以后发生了和它（洪峰或者洪量）一样大的洪水，那么就把这洪水也叫作 100 年一遇洪水。

所以所谓的十年一遇洪水或者百年一遇洪水其实是个洪水大小的概念，并不是说每 10 年或者每 100 年必然发生一次。

假设十年一遇洪水洪峰流量为 200 立方米每秒，那么以后只要发生了洪峰流量为 200 立方米每秒的洪水，我们都叫它十年一遇洪水，无论哪年发生的。遇到连续枯水年（干旱年），连续 20 年从来没有发生过洪峰流量大于 200 立方米每秒的洪水，这个洪峰流量 200 立方米每秒的洪水仍然是十年一遇洪水，只是这 20 年从来没有发生过大于十年一遇的洪水而已；遇到连续丰水年（洪涝年），连续 20 年洪水的洪峰流量都大于 200 立方米每秒，这个洪峰流量 200 立方米每秒的洪水依然是十年一遇洪水，只是这 20 年每年都发生大于十年一遇的洪水而已。

百年一遇的洪水跟十年一遇洪水类似。他们都是洪水大小的概念，而并不是说每 10 年或者每 100 年必然发生一次。

那么千年一遇和万年一遇呢？

我们知道除了大江大河之外，很多小河流是缺乏包括洪水资料在内的各种水文资料的，别说 100 年的资料，很多河流只有二三十年的资料，甚至有些河流的资料就是空白。那么对于这样的河流如何确定洪水大小呢？水文上有多种办法。其中常用的一种叫洪水调查。

洪水调查简单地说有两种方法。

一种方法是问人，比如在某条河流两岸，有在那里住了上百年的人家，跑过去问人家的老人“老人家，我们想问问您，今年高寿啊？在这条河岸住这么多年，见过最大的洪水是多大啊？”一般人家就会说“我在这儿住了几十年了，某年的洪水最大，洪水都淹到那个石头了！”或者“我家在这里住了几代了，听我爷爷说，哪年哪年，洪水特别大，都淹到我家房子了！”诸如此类的。老百姓这种对洪水的感性认识给我们的水文工作者提供了洪水的依据，靠着这些感性认识，再通过洪痕调查，大约就可以推算出来洪水的大小（洪峰流量的大小），进而确定那场历史洪水的量级，但是因为人寿命有限，口口相传的故事也难免以讹传讹，所以通过这种方法一般只能得到几十年最多上百年的数据，比如可以明确某场洪水是 100 多年来该河流最大的洪水，这场洪水就相当于 100 多年一遇，再大的洪水靠这种方法就无能为力了。

另一种方法是查历史文献，我们中国的历史记录是非常规范严谨的，几乎拥有世界上最完整、精确的史料。历朝历代的史书对大江大河曾经发生的大洪水一般都有记载。根据记载，在大江大河的岸边寻找那场大洪水留下的痕迹（所谓雁过留声，只要发生过大洪水，一定会在岸边留下痕迹，这种痕迹在短短几千年的人类历史中不会湮灭），进而推算大洪水的量级（洪峰流量的大小）。这场洪水是几千年来这条河发生的最大的一场洪水，那么一般我们就称为几千年一遇洪水，如果通过其他技术手段调查出了某些洪痕是上万年前的，推算造成这些洪痕的洪水的量级，发现这场洪水的量级是上万年以来最大的，那么这就是万年一遇洪水了。

当然，千年一遇和万年一遇洪水通过洪水调查得到的数据还是要放进洪水数据构成的 P-Ⅲ曲线分布模型中进行再计算，重新对千年一遇和万年一遇洪水进行复核的。

所以，所谓的千年一遇和万年一遇洪水也是表示洪水大小的度量，而不是说一千年或者一万年必然发生一次。所谓的万年一遇 +10% 的洪水就是指的在万年一遇洪水的洪峰流量的基础上再扩大 10% 的洪峰流量这样的一场洪水。如果万年一遇表示 1 万年发生一次，那么万年一遇 +10% 怎么解释呢……所以多少年一遇是个表示洪水大小的度量，而不是表示洪水发生时间的度量。既然如此，水利工作者为什么还是喜欢用这个容易让人误解的概念来表现洪水的大小呢？主要是习惯和相对更便于解释。比如一场洪水发生的概率是10%，那我们就说它的频率是十年一遇洪水；我说现在发生的这场洪水是概率10%的洪水，诸位可能觉得更费解，还不如说是10年一遇的洪水容易被人们所接受。

# 九

# 水库的防洪能力

本书之前的篇幅讲了洪水大小、洪水量级的问题，以及什么是十年一遇、百年一遇、千年一遇和万年一遇的洪水。下面就以大家最瞩目的三峡工程为例，讲一下水库的防洪能力。

下面这幅图大家一定不陌生，这是在网络上流传非常广的一张有关三峡工程防洪能力的合成图片，也是许多人诟病三峡工程防洪能力最喜欢用的配图。

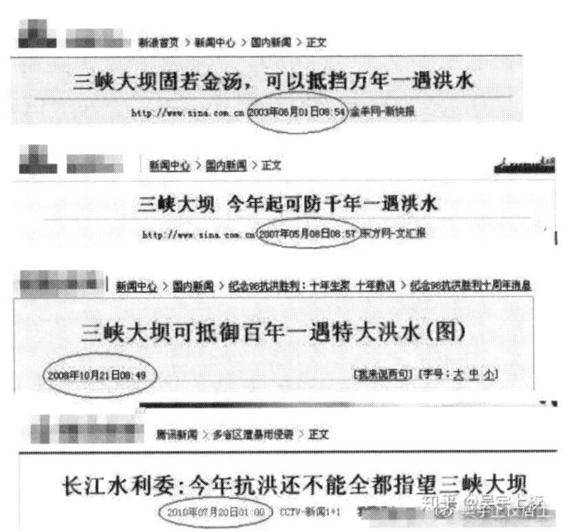


许多人对三峡运行以来通过蓄、滞、调、错峰等各种手段调节洪水，保证下游的防洪安全视而不见，单单在这几个新闻标题上做文章，试图诋毁三峡工程。本书作者见过很多转发这个合成图片的人，他们本身也不懂水利，不懂防洪，只是看到这

个标题，觉得很有道理很惊悚，所以就亦步亦趋地跟着别人转发了，无意间为假消息的传播推波助澜。那么这一篇就详细地解释一下为什么同一个工程在不同时间的新闻报道中会出现这样看起来完全不同的标题。

发现有人溺水了，你想救人，首先你自己要会游泳，有自我保护的能力，有一定的救生经验才行，否则你自己都保护不了自己，何谈救人？对于一个工程来说也是如此。

我们知道长江防洪任务最重的河段是荆江，也就是三峡下游那段区域，所谓“万里长江，险在荆江”。三峡的防洪任务就包括保护荆江大堤的安全。本书之前已经讲过了什么是十年一遇、百年一遇、千年一遇和万年一遇洪水。那么荆江大堤能抵御多少年一遇的洪水呢？大概是十年一遇。本书作者并未查到整个长江，包括荆江河段洪水量级的相关资料数据，所以就以假设数据来分析。假设荆江大堤段的长江十年一遇洪水的量级是1万立方米每秒，百年一遇洪水的量级是5万立方米每秒。根据荆江大堤的防洪能力，长江来了小于1万立方米每秒的洪水，仅仅依靠荆江大堤完全可以保证两岸的安全。也就是说，荆江大堤那里的长江河道可以保证1万立方米每秒的水安全下泄，大于1万立方米每秒的洪水来了，那就没办法了，理论上来说就算是决口了也是正常的。来了百年一遇的洪水，假设是5万立方米每秒，但是荆江大堤只能过1万立方米每秒的洪水，那么剩下的4万立方米每秒的洪水怎么办，会决口冲到大堤外面的城市村庄（此处指不组织力量抗洪抢险，仅依靠堤防本身，现实中一定会组织各方力量抗洪抢险，力保大堤安全）……这是没有三峡工程的情况。

那么有了三峡工程之后呢？我们常说，三峡工程的首要任务是防洪，修建了三峡工程可以把荆江大堤的防洪标准从十年一遇提高到百年一遇。那是不是说修了三峡工程之后荆江大堤的过洪能力就从我们假设的1万立方米每秒提高到我们假设的5万立方米每秒了呢？显然不是，荆江大堤的过洪能力没有变化，仍然是我们假设的1万立方米每秒。那要怎么体现荆江大堤的防洪标准从十年一遇提高到百年一遇呢？其实也简单，就是三峡工程替荆江大堤承担了一部分防洪任务：当来了超过十年一遇的1万立方米每秒的洪水的时候，多的那部分洪水全部让三峡工程给拦截了。比如，现在到达三峡的洪峰是2万立方米每秒，那么三峡就会把其中的1万立方米每秒留在水库里，只让剩下的1万立方米每秒下泄，这样就可以保证荆江大堤的安全了。那么三峡工程是不是可以把所有超过1万立方米每秒的洪水都拦截住呢？显然不可能，毕竟三峡只是一个小小的季调节水库。三峡水库可以拦截的上限是百年一遇洪水，也就是我们假设的5万立方米每秒的洪水。只要来的洪水不超过5万立方米每秒，那么三峡工程就可以把他们中的大部分拦截在水库，只让1万立方米每秒的洪水下泄，保证荆江大堤的安全。比如来了百年一遇的洪水5万立方米每秒，三峡拦截了其中的4万立方米每秒，只让1万立方米每秒的洪水下泄了。也就是说通过三峡工程的拦截，让百年一遇的洪水以十年一遇的量级下泄了，这就是所谓的把荆江大堤的防洪标准从十年一遇提高到百年一遇了。在汛期，等到这场洪水过去了，拦截在三峡水库的多余的洪水再慢慢地安全有计划地以不超过荆江大堤防洪能力的流量（不超过1万立方米每秒）下泄，腾出来库容迎接下一场洪水；如果是在汛末，就可以把这些洪水留在水库，用于发电和航运，逐渐下泄下游，变废为宝。

这就是三峡工程的修建可以把荆江大堤的防洪能力从十年一遇提高到百年一遇。也叫三峡的防洪保护能力。

那么千年一遇呢？千年一遇其实就是三峡工程的自我保护能力。

我们在此假设千年一遇洪水的量级是8万立方米每秒。假设一个场景，汛期三峡工程正在防洪，只让1万立方米每秒的洪水下泄，把所有大于1万立方米每秒的洪水的超额部分都拦截在库区了。但是洪水还是在源源不断地到来，完全没有减少的意思，来的洪水逐渐超过了5万立方米每秒的标准（百年一遇），慢慢地向8万立方米每秒（千年一遇标准）逼近了，眼看着三峡水库的防洪库容都要蓄满了，三峡水库终于也承受不住了。对着荆江大堤喊："兄弟，对不住了，我这儿马上就满了，我也受不了了，再让我喝水我肚子就要破了，我只能少喝一些了，现在我要加大下泄量了，现在来的是8万立方米每秒的洪水，超出我的能力了，我要以4万立方米每秒的流量下泄了。我知道4万立方米每秒超过了你荆江大堤的防洪能力，但是我也没办法，我尽可能拦截洪水（从8万立方米每秒拦截到4万立方米每秒），你跟分洪区商量一下，利用分洪区的分洪能力保护大堤两岸的安全吧……否则，一旦我垮了，那可是灭顶之灾……，所以我在尽可能拦截洪水的前提下需要首先保证我自己的安全了……"三峡工程采用混凝土重力坝，一个重要原因就是即使洪水漫坝也不会垮坝；各种土石坝是不能过水的，只要洪水漫坝就意味着垮坝。

通过上面场景的模拟，我们就可以明白了：当来千年一遇洪水的时候，三峡工程一方面可以拦截部分洪水，让洪水下泄量尽可能减小；另一方面它已经不能完全保证荆江大堤的安全，毕竟超过它的防洪保护能力了，这时候就需要三峡工程、荆江大堤和分洪工程联合运用，共同保护荆江大堤的安全。这就是所谓的三峡大坝可以防千年一遇洪水。这叫三峡的设计洪水标准。简单说，就是来了千年一遇的洪水，三峡工程可以保证自身安全正常运行，已经无法完全保护下游的安全了。

那么万年一遇呢？假设万年一遇的洪水量级是10万立方米每秒，

万年一遇 +10% 的洪水量级就是 11 万立方米每秒。

依然假设同一个场景：汛期三峡工程正在防洪，已经达到千年一遇洪水了，也跟下游的荆江大堤打过招呼了："保护不了你了，首先要自保了。"洪水依然来势汹汹啊，这可不像是千年一遇（8 万立方米每秒）的洪水啊，这洪水眼看着就要上 10 万立方米每秒，甚至 11 万立方米每秒，这是万年一遇甚至万年一遇 +10% 的洪水啊……这时候只靠常规的泄洪能力已经不能保证三峡本身的安全了，怎么办呢。三峡工程就跟它的小跟班——船闸，升船机，电厂，副坝等这些建筑物商量"各位同志兄弟，这洪水可是万年一遇啊，靠常规泄洪能力只怕是不行了，我想把泄洪量提高到 7 万立方米每秒，以保证自身安全。但是要提高呢，就要你们几个牺牲一下了，那个副坝看起来只能扒开，船闸升船机也不能通航了，电厂也不要发电了，全部给我用来泄洪，保证我大坝主体的安全，你们的损失等这场洪水过了再补偿，没有大坝主体安全一切都无从谈起……"其他建筑物一想，也是啊，没别的办法，只能这样了。副坝也扒开了，电厂也停止发电了，船闸也不过船了，全力以赴应付这场万年一遇的大洪水……洪水过后，看哪儿哪儿都被洪水冲得乱七八糟、破败不堪的，好在大坝完好无损，那就修修那些损坏的部分呗……

当来万年一遇（或者万年一遇 +10%）洪水的时候，三峡工程一方面可以拦截部分洪水，让洪水下泄量尽可能减小；另一方面它不但已经不能保证荆江大堤的安全了，而且它自身的一些相对大坝来说的次要建筑物的安全也不能保证了，必要时可以损毁次要建筑物以保证大坝安全。这就是所谓的三峡大坝可以拦万年一遇洪水。这叫三峡的校核洪水标准。简单地说，就是来了这样的洪水，三峡工程可以保证大坝主体的安全，不要说保护下游的安全，连它自身的某些次要建筑物都是可以牺牲的了。当然三峡工程的校核洪水标准比万年一遇还要大，是万年一遇 +10% 的标准，这样的洪水在有史以来还没有发生过……

说到这儿大家应该就明白了，所谓的百年一遇是三峡工程可以保护下游的洪水标准，叫防洪保护标准；千年一遇是三峡工程可以保证自身安全运行的标准，叫设计洪水标准；万年一遇 +10% 是三峡可以保证自己主体工程安全的标准，叫校核洪水标准。

所以，事实上三峡工程真正的防洪保护能力就是可以把荆江大堤的防洪标准从十年一遇提高到百年一遇。不要小看这个进步，这个进步直接导致了工程建成以来出现了几次超过 1998 年洪水的大洪水，但是再也没有出现像 1998 年那样严峻的防洪形势、沉重的防洪负担、重大的生命财产损失。

本文的所有数据全部是假设，仅仅是为了说明问题而已。

# 水库的防洪运用[1]

本书之前讲洪水和水库的防洪能力时，在其中穿插介绍了一些水库的防洪运用常识，不过没有梳理成相对完整的体系。而每年汛期，水库的防洪与泄洪都会成为公众讨论的焦点。鉴于此，有必要对水库的防洪运用进行专门的探讨。

水库的防洪运用分两部分内容，分别是任务划分和防洪运用。

首先是任务划分，也可以说是责任划分。

水库的防洪运用，首先需要明确一个前提——这个水库是否有防洪任务。并不是所有的水库都要承担防洪任务的，有些看起来库容很大的水库，其实未必就有防洪任务。

防洪本身是一个系统工程，需要建设一系列工程形成防洪工程体系。一个区域、一个流域首先要做出本区域或本流域的水利综合规划以及在流域规划基础上做出的专项防洪规划。防洪规划中会针对这个

[1] 本内容的写作时间大概是2017年的八九月间，当时有一个著名的焦点事件就是“宁乡水库泄洪”，鉴于当时网络上各方讨论十分激烈，所以写了此篇以期让公众对水库的防洪运用有一个概念性的认识。

区域或者流域的防洪体系进行详细分析论证，在确定防洪体系的基础上确定具体的防洪工程布局。

什么是防洪工程布局？就是说洪水究竟是要靠水库来防御还是靠堤防来防御，或者靠水库和堤防联合防御。一般也就这三种情况。这就是防洪工程布局。

有些流域或者区域，通过论证只需要靠堤防工程就可以完成相应的防洪任务，那么这个流域或者区域修建的水库就不用承担防洪任务，只需要专注于灌溉、发电、航运、供水等任务就可以。水库是否可以用来防洪，与水库的大小无关，只与人们在建设水库时赋予水库的任务和功能有关。不能因为这个水库大，就硬要其承担防洪任务。承担相应量级的防洪任务，需要明确汛限水位、防洪高水位、防洪库容、下游安全泄量等许多参数。一个水库如果没有防洪任务，那么在前期论证中就不会对这些参数进行研究，没有数据支持，非要其承担不属于它的任务，不但完不成相应的防洪任务，甚至可能危害水库自身安全。

其次是有防洪任务的水库汛期是如何进行防洪运用的？

讲这个之前，首先需要说说河道防洪标准。假设一条河边有一座城市，这条河的洪水会威胁这座城市的安全。每当这条河来水刚刚超过 100 立方米每秒时，洪水就会漫过河岸侵袭城市。经过水文计算，这个 100 立方米每秒相当于是频率为 33.3% 的洪水，也就是说相当于是 3 年一遇洪水。河边的这座城市是一座人口不足 20 万人的小县城。根据规范要求，这样的小县城的防洪标准应该是 20 年一遇到 50 年一遇。对这样一座小县城我们就取 20 年一遇的下限吧。也就是说这座县城要可以防御 20 年一遇的洪水才算达到了规范规定的防洪要求。但是现实是来了 3 年一遇的洪水这县城就遭殃了，根本达不到 20 年一遇的标准，怎么办？修建防洪工程保安全。假设 20 年一遇洪水的洪峰是 300 立方米每秒。为了防御这个 300 立方米每秒的洪水有三种方法（也就是前面讲的防洪工程布局）：方法一是修建堤防，把堤防修得又高又坚固，来了 300 立方米每秒的洪水也不会导致洪水漫过堤坝而侵袭县城；方法二是修建水库，来洪水了，水库还按照 100 立方米每秒的流量下泄，把大于 100 立方米每秒的洪水都蓄存在水库里，等洪水退了再慢慢地放掉，这样也可以保证县城的安全；方法三是修建一些不那么高不那么坚固的堤防，保证来了 200 立方米每秒的洪水不会导致其漫过堤坝，反正就是比没有堤防强，然后再修水库，来洪水了，水库按照 200 立方米每秒的流量下泄，把大于 200 立方米每秒的洪水都蓄存在水库里，等洪水退了再慢慢地放掉，这样水库不用修得那么大，水库堤防联合运用也可以保证县城安全（前提是洪水不能大于 300 立方米每秒）。方法三是应用最广泛的防洪工程布局。

为了叙述简便，我们以方法二为例来介绍水库的防洪运用。汛期来了，水库水位维持在汛限水位运行，当来的洪水不足 100 立方米每秒，来多少下泄多少，反正下游可以通过 100 立方米每秒的洪水；随着时间的推移，当来的洪水开始大于 100 立方米每秒时，水库仍然按照 100 立方米每秒下泄，多出来的水蓄存到水库里，以保证下游安全，等洪水过了再把存的那些水按照不大于 100 立方米每秒的流量放出去，以迎接下一场洪水。这就是一个最基本的水库防洪运用过程。

通过水库防洪运用我们发现了其中的两个问题：第一，水库不是万能的，没修水库时，可能这条河隔个三年就要发一次洪水，修了水库可以保证十年八年甚至二三十年才发一次洪水，但是并不意味着永远不发洪水。第二，如果洪水超过 300 立方米每秒怎么办？这就是下面要说的问题。

水库在前期论证时都是进行过调洪计算的，假设通过计算可知，要想把300立方米每秒的洪水削减到100立方米每秒，需要50万立方米的库容来容纳多余的水，这个50万立方米就会成为水库的一个重要参数，叫作防洪库容。当水库修建好了开始运用时，其保护下游安全所能用的库容就是这个50万立方米。一旦一场洪水来了，水库蓄水，蓄到50万立方米的库容已经全部装满了，但是洪水还是源源不断地涌过来，这时候就可以确定，这场洪水已经超过这座水库的防洪能力了，水库已经不能再保护下游了，必须开闸放水了（当然，这个放水量仍然小于最大的洪峰流量，只是对于下游来说已经没有意义了），否则水库自身都可能会出现危险。这其实就是到了汛期会听说有一些水库泄洪的原因。

一旦水库泄洪，必须要紧急通知下游洪水影响范围内的人员撤离，否则后果不堪设想。水库的防洪运用大概就是这样。

回到当年的宁乡水库泄洪事件。在此我们首先要强调，水库不是万能的，没修水库时，可能这条河隔个3年就要发一次洪水，修了水库可以保证十年八年甚至二三十年才发一次洪水，但是并不意味着永远不发洪水。其次，一般来说水库都是和堤防联合运用共同防御洪水的，如前述的防洪方法三。但是很多地方，很多人都有种想法：认为修建了水库就可以一劳永逸了，不用修建堤防了。殊不知不修建堤防单靠水库是无法完全满足防洪要求的。第三，假设原来河道可以通过100立方米每秒的洪水，但是由于种种原因，平时河道中一般都只有20立方米每秒的水流，大片的河漫滩是干的，有些人认为这些干的河漫滩不利用很可惜，就在河漫滩开荒种地，种植很多妨碍行洪的农作物，甚至有些人在河道里修建房屋，人为降低河道行洪能力，导致河道实际只能通过50立方米每秒的水了。这样一旦来了洪水，即使上游水库按照100立方米每秒的防洪要求下泄，下游依然会出现洪灾。第四，通过新闻可知，当年的宁乡洪水是60年来最大的一次，简单地判断洪水应该是至少60年一遇的量级。宁乡是个县级市，按照防洪标准的上限也只是防御50年一遇洪水，而县城周边的农村防洪能力估计也就只有10年一遇到30年一遇，显然洪水超标了。有人抱怨当年泄洪时新闻稿里有这么一段话："水库运行管理部门说，（泄洪这件事）报上去了，上面也批了，所以是合法泄洪，死了人也跟我没关系。"如果只是从防洪制度要求角度考虑，这句话虽然冷血，却完全正确。但是制度下的洪灾损失一组没有情感的数字，而灾区老百姓是一个个与我们大家一样的生命，生命无价。如果有可能即使是发生了超标准洪水，水库都会尽可能不按照规定泄洪，尽可能为老百姓撤离争取时间。理智与情感的平衡一直是防洪工作的难点。第五，防洪体系的建设包括预警预报体系的建设，预警体系健全，会大大减轻洪灾损失。第六，我们规范规定的防洪标准仍然偏低，大城市的防洪标准200年一遇，一般地级市也就100年一遇，很多县城只有20年一遇，农村很多地方只有10年一遇，从防洪实践的角度考虑，本书作者认为标准有些偏低了。但是要想提高防洪标准必须要修编规范，规范规定的东西是一个经济与安全相互妥协的结果。把所有的县城防洪标准都提高至少100年一遇，农村至少50年一遇，那肯定比现在安全得多，但是相应的防洪投资也会成倍地攀升，钱从哪里来，这是个问题。发达地区财政状况相对较好，可以拿出资金进行防洪工程建设，提高城市、乡村的防洪标准；但是对其他地区来说，财政资金紧张，防洪全靠国家投资，就需要精打细算不能随意提高标准了。

十二

# 水库防洪与堤防防洪的区别

水库和堤防是两种重要的防洪工程，那么水库防洪和堤防防洪有区别吗？如果有的话，是什么样的区别呢？下面我们就来谈一谈水库防洪与堤防防洪的区别。

水库防洪的主要方法是调和蓄——把大洪水调成小洪水下泄，把超过下游泄洪能力的洪水蓄在水库里，等洪水过去了再把蓄存在水库里的多余洪水慢慢地以下游可以承受的流量下泄；堤防防洪的主要运用方法就是一个字——挡，来了洪水就加高堤防，不让洪水漫过堤防流到河道外面，堤防修得越高，泄洪能力就越大，防洪能力就越强。

从两者不同的运用方式来比较两者的区别，主要有以下几方面：

（1）从灵活性上来说，水库防洪的灵活性不如堤防。水库的防洪库容是在设计之初就确定好的：假设一个水库要把 50 年一遇的洪水削减成 10 年一遇的洪水下泄，需要 500 万立方米的防洪库容，那么这 500 万立方米的防洪库容在水库设计之初就确定要在汛期用作防洪任务，其他库容用于灌溉、发电、供水等任务。随着下游防洪保护对象的发展，防洪标准的提高（比如从 50 年一遇提高到了 100 年一遇），如果想要同步提高水库的防洪能力，使水库可以将100年一遇的洪水削减成10年一遇的洪水下泄，那么原定的500万立方米的防洪库容就不够用了，必须增加库容。但是水库的每一立方米的库容在设计之初都确定了用处，防洪增加了必然要挤占灌溉、发电、供水等其他任务的库容。如果想要增加防洪库容，就需要对水库承担的任务进行重新论证研究，无论挤占了谁的库容，要想说清楚挤占的必要性、可行性和合理性都是很烦琐的；而且挤占了其他任务的库容，必然要对其他任务进行补偿，这个补偿的计算也是很烦琐的。

堤防就不存在这个问题，因为堤防就是单纯地挡住洪水，不涉及库容及调蓄。原本这个堤防可以防御10年一遇洪水，随着防洪保护对象的发展，防洪标准的提高，现在要求堤防防御20年一遇洪水，这个问题解决起来相对简单——把堤防加高培厚就可以。加高培厚堤防之后使原来只能安全下泄10年一遇洪水的河道泄流能力加大，可以安全下泄20年一遇洪水。从这个角度讲，堤防的灵活性要强过水库。

（2）从安全性上来说，水库的防洪要比堤防安全。在防御防洪标准以内的洪水时，水库是蓄存了一部分洪水，实际上减小了下泄洪水的流量，防御起来相对容易，下游河岸决口的风险较小（水小，水位低，冲刷相对不严重）。

堤防防洪就是挡，并没有减小洪水下泄的流量。堤防防洪就是跟洪水博弈的过程——来的水大那就加高、培厚堤防，水再大再加高、培厚堤防，如此循环。这样子堤防越修越高，堤内的洪水越来越大，河岸决口的风险也越来越大（水大，水位高，冲刷相对严重），而且由于水量大，水位高，一旦决口后果非常严重。

（3）从投资的角度说，一般来说水库防洪的投资要小于堤防防洪。首先水库是一个点状工程，投资集中。而且水库的建设并不单纯是为了防洪，水库还可以承担灌溉、发电、供水、航运、生态调水和水产养殖等多种任务，这些任务大都有一定的收益。水库防洪只是水库承担的诸多任务中的一项，由于防洪需要而分摊的水库投资一般都较小。

但是堤防工程是线状工程，为了完成防洪任务很可能需要修建几十千米甚至上百千米的堤防，这个投资是很惊人的。另外，堤防工程是纯粹的公益性工程，纯消耗品，没有任何收益。

在此我们对防洪工程的功能、作用和运用方式等存在的异同进行了概括性的分析解释。实际上防洪是一个系统工程，不仅包括水库和堤防的联合运用，还包括河道疏浚、河道整治、湖泊治理等多种工程。防洪本身是关乎国计民生、老百姓生命财产安全的生命线工程，不可轻视、不可儿戏。

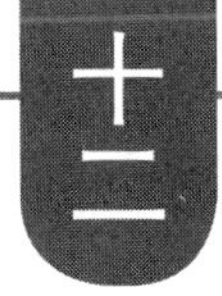

# 水库的调度运用简析

任何一件供人类使用的东西，复杂如航天飞机、宇宙飞船，简单如铅笔、橡皮都有他们的使用方法或使用说明。使用得当，往小了说可以方便工作学习，往大了说可以造福人类；使用不当，往小了说可能带来工作失误，往大了说就可能给人类带来灾难。水库作为人工建造的大型工程建筑系统，也必然有其使用说明。水库的调度运行方案就相当于是水库的使用说明。修建的水库究竟应该如何使用？是不是可以任性地想蓄水就蓄水，想放水就放水，想发电就发电？显然不是的。为了让水库发挥它应有的作用，就要为水库编制调度运用原则和方案，也就是水库的使用说明书。

我们就以综合利用水库为例，简单介绍一下水库的调度运用。

假设有一个水库承担了下游的防洪、灌溉、工业供水、生态补水、航运任务，同时还可以进行水力发电，那么它应该如何完成这些任务呢？

首先我们对水库可能产生的收益进行分析。一般来说防洪和生态供水是公益性的，没有收益，仅有政府相关部门给予的成本补贴；灌溉水价非常低，无法覆盖供水成本，政府部门仅补贴了成本不足的部分；假设航运的收益在交通部门，水库建设管理运行单位需要与交通部门协商收益分配；工业供水和发电一般属于水库建设管理运行单位自己管理的，同时也是水库最具经济效益的部门。

一般的水库建设管理运行部门都是企业法人或者经营性事业单位，从经营的角度来考虑，那肯定应该优先保证工业供水和发电的用水需求，其他任务用水根据经济效益排序依次考虑，这样行不行？显然是不行的。水库虽然由企业或者经营性事业单位负责建设管理运行，但是水库本身承担了大量的公益性的和关乎国计民生的任务，不能仅仅考虑经济利益，而且这部分公益性任务所需的投资及运行补贴国家相关部门是已经给予了运行管理单位的。水利行业最著名的行为准则是“电调服从水调”，什么意思？就是说发电用水的要求需要服从防洪、灌溉等部门的用水要求，如果发电用水要求与防洪、灌溉等部门用水要求相违背，那么必须改变发电用水要求以服从防洪、灌溉等部门用水要求。

水力发电主要是利用水的势能。同样的水，落差越大，出力越大、发电越多，所以对于发电企业来说尽可能维持高水头（高水位）是保证电站拥有良好收益的最简洁的方法。那么这个水库电站是不是能够按照发电企业设想的那样维持高水头运行呢？这时候就要看水库承担的任务排序情况了。假设这个工程承担的任务是防洪、灌溉、工业供水、生态补水、航运并兼顾发电。那么前面几项任务的重要性是要超过发电的，因为发电是兼顾。发电任务与其他任务发生冲突时，发电应该为其他任务让路。

我们以一个完整的水文年来介绍这个水库的调度运行。水文年在我国一般是指从第一年的 6 月到第二年的 5 月这样的 12 个月。这么分的原因主要是为了反映河流水量的一个完整丰枯变化过程。如果河流上修建有水库，水文年则可以反映水库一个完整的蓄水和放水过程。

水文年河流水量的丰枯变化：从6月开始河流进入丰水期，来水量大大增加，6月、7月、8月是水最大的三个月（汛期一般也在这三个月），从9月开始河流来水逐渐减小，到2月或者3月来水量减到最小，从4月、5月开始来水量又小幅度增加，到6月又进入丰水期。

水库在一个完整水文年的蓄放过程：从6月开始水库进入蓄水期（如果有冲砂要求则可能从9月开始蓄水），利用丰水期的多余水量及冬季的冬闲水量将水库逐渐蓄满（个别河流在9月或者10月会有个秋季水库放水过程，补充秋季灌溉用水不足，不过这部分水量相对较小），到第二年3月开春，下游灌区春旱缺水时，逐渐将蓄存的水量按照下游用水要求下泄，直到5月底将水库泄水到死水位，将蓄存的水量放完，等到6月开始下一个蓄放过程。

我们假设的这个水库的调度过程：6月河流来水量大大增加了，这时候如果从发电的角度来考虑，应该利用水多的时候尽快将水库蓄满，维持高水头发电。但是这个水库有冲砂要求，要求整个6月和7月水库都在死水位冲砂运行，这时候发电就要服从冲砂，不能把水库蓄起来。8月不冲砂了，是不是可以把水库蓄起来了呢？也不行。因为8月虽然不冲砂了，但是8月仍然是汛期，水库还要承担防洪任务，水库只能把水蓄到汛限水位（防洪限制水位）不能再往高蓄。那么水库按照调度要求，8月从死水位蓄水到汛限水位，在这个过程中，水库能不能把所有来水都蓄存起来，以尽快让水库水位上升到汛限水位呢？也不行。因为这条河下游还有生态基流、工业供水和航运用水要求，必须按照要求将这几部分水量下泄下游，剩余的水量才能蓄存到水库中。到了9月汛期结束，水库暂时不承担防洪任务了，可以把水库蓄满了（蓄水至正常蓄水位）。那么能不能一下子就把水蓄满呢？一样不行，原因跟 8 月一样，要首先满足生态基流、工业供水和航运用水等要求之后，剩余的水量才可以蓄存到水库中。经过几个月的蓄水，到 9 月底或者 10 月初水库终于把水蓄到正常蓄水位了，也就是说已经蓄满了，这个时候终于可以维持一个较高的水位来随心所欲地发电了吧？也是不行的。虽然水库已经蓄满了，但是下游依然有生态基流、工业供水和航运用水等要求，甚至枯水期下游湖泊还有生态补湖用水的要求，发电必须结合这些用水来进行（当然对于堤坝式开发的水利水电工程来说，凡是需要下泄到下游的水量，理论上都是可以先过一遍水轮机，发一次电的）。不过一般来说这几个月是一年中难得的相对比较平稳的发电过程，枯水期来水量也少，水电站可以维持一个较高的水头（水位）用小流量发电运行，提高发电效率。不过几个月之后就开春了，下游农业的春灌开始了。虽然这时候河流来水还是很小的，但是下游灌溉用水量开始增加了。为了保证农业生产，水库只得从自己蓄存的水中拿出来一部分下泄下游供给农业生产。水库里水少了，水位自然降低，水位降低了，同样数量的水发电量就少。从开春开始，水库就一直处于一种水量亏损的状态中，水位在不断降低，发电量也越来越少，直到 5 月降到死水位，把一库水全部放光。这样的调度，完成一个完整的水文年水量蓄放过程，也完成水库承担的所有任务。

由此可知，综合利用水利枢纽是不能随意蓄水、放水的，也是不能随意发电的，必须服从相关用水部门的要求，配合他们的用水过程蓄水、放水和发电。

但是，如果这个水库仅仅承担了发电任务，那是可以在满足电网用电要求的前提下自主发电的。

工业供水的问题：工业供水不是公益性任务，但是工业供水量相对河流总水量（径流量）和农业用水量来说比较小；而其对工业的正常运行、城市的正常运转、经济的发展都贡献巨大；并且根据规范要求工业供水保证率又相当高，所以一般情况下工业供水也是要优先保证的。

冲砂运行与防洪的关系：一般来说水库冲砂运行需要的水位都低于汛限水位，所以冲砂运行与防洪并不冲突。

# 水坝的分类

本书前面的内容，主要是讲解水利工程和水利工作轮廓性的内容。下面我们就进入水利工程和水利工作的细分领域去做初步的了解。

先来讲讲水坝的分类。

水坝按照建造形式，基本上可以分为三类：重力坝、土石坝和拱坝。

**1. 重力坝**

重力坝，顾名思义就是利用自身重力来维持坝体稳定的水坝类型。一般来说重力坝都是混凝土结构的。混凝土在建筑工程上一般写作砼，看“砼”这个字是由“人、工、石”三个字构成的，所以混凝土其实就是一种人造石头。石头有个特点就是一般来说都是整块的（这里指的是构成地壳的岩石，在很大的尺度上都是整块的石头，而不是指的风化之后的碎石及人工粉碎之后的碎石）。整块的石头一般来说隔水性能是非常好的，水很难渗透；而且整块的石头基本上是不怕水冲的，不会被水冲毁，冲了几万年还是一块石头。重力坝就是利用了石头的这个特性，在河床的基岩上开始浇筑混凝土，使混凝土和基岩胶结成为一体，然后层层浇筑，慢慢地形成一座整体结构的人造巨石（大坝），将河水阻挡住，形成水库，满足国民经济的用水要求。

重力坝因为是整体结构，相当于一整块与基岩长在一起的石头，所以它有一个最大的优势——抗毁伤能力强。第一，很难被洪水冲毁；第二，发生了超过校核洪水标准的洪水而导致洪水漫过了堤坝流向下游，也不会造成水坝溃坝从而给下游带来灾难性的损失；第三，抗军事打击能力强，常规武器基本不能给重力坝造成实质性的毁伤。用炸弹炸巨型岩石，想想也知道结果。

重力坝最大的缺点是建造费用贵，一是本身需要大量水泥，原材料价格较高；二是在建造重力坝时，必须在河床基岩上浇筑混凝土，而一般河流河床的基岩都不是裸露在外的，由于千百万年的风化和水流搬运作用，河床一般都有厚薄不一的覆盖层——就是基岩上覆盖的各种泥土、碎石及其他沉积物——有些河床的覆盖层厚达二三十米甚至七八十米，在浇筑混凝土之前需要将深厚的覆盖层全部挖除，这也是工程量巨大和投资巨大的工作。

国内著名的混凝土重力坝有三峡大坝、丹江口大坝等。

另外，早些年水利工程中也有用浆砌石建造重力坝的，原理和混凝土重力坝一样，近年来浆砌石重力坝建造得比较少了。

**2. 土石坝**

土石坝是最为广泛的一种坝型。土石坝细分的类别也比较多。像土坝、堆石坝、面板坝（混凝土面板坝、沥青混凝土面板坝）、心墙坝（黏土心墙坝、沥青混凝土心墙坝）、斜墙坝、水坠坝等，别看名目繁多，但是这些统统都是土石坝。

土石坝不像重力坝是整体结构，而是散粒体结构。简单地说就是在河床上堆上一堆土，或者堆上一堆碎石头形成坝体。但是这堆土或者这堆碎石头透水，那么再在这堆土或者这堆碎石头中加上防水的东西，比如在倾向上游的方向（迎水的方向）做一块面板（就是我们前述的混凝土面板或者沥青混凝土面板）放在坝前，靠面板防水，坝体主要是为了支撑面板；或者在这堆土中间筑一道防水墙（就是我们前述的黏土或者沥青混凝土心墙），或者在这堆土迎水面筑一道防水墙（斜墙），坝体主要是为了保护这道墙；当然也可以用黏土填筑整个坝体，形成均质坝。这样就建造好了土石坝。

由上可知，土石坝那些繁多的种类其实只是对不同的防水结构的称呼而已，其挡水的本质都一样。

土石坝相对重力坝最大的优势是价格便宜，堆土或者堆石头的价格显然要比浇筑混凝土便宜得多，只是防水结构稍贵一些而已；土石坝建造的材料容易获取，土石坝又叫当地材料坝，也就是说建造大坝的材料都可以在当地找到，这尤其适合边远、交通条件差的地区建设；相对于重力坝，土石坝建造技术简单。

土石坝最大的缺点是抗毁伤能力相对较弱。因为是散粒体结构，只要有一个地方被毁坏一个缺口而没有及时封堵，水流能从缺口过去，坝体就会不断被水流冲走（因为是散粒体结构，就相当于水把泥沙冲走一样），从而导致水坝溃坝（顺便说一句，我国很多地方河道的堤防都是土堤，就类似于土石坝，这也就是为什么每次抗洪，堤坝决开一个小口，没有及时封堵，很快就会变成巨大的决口的原因）；发生了超过校核洪水标准的洪水而导致洪水漫过了堤坝流向下游，会造成严重的溃坝事故从而给下游带来灾难性的损失（原因同样是因为散粒体结构），所以土石坝不像重力坝，土石坝坝顶是严禁过水的。其抗军事打击能力也相对较弱。所有的原因都是因为土石坝的散粒体结构。

国内许多重要的大坝都是土石坝，比如小浪底大坝。

3. 拱坝

拱坝也是一种应用很广的坝型。拱坝对地形地质条件要求很高，最好是“V”形河谷，两岸基岩完整且稳定。在这样的河谷中修建倾向上游的拱形水坝，类似一个弓臂朝向上游，弓弦朝向下游的弓放在河谷中。弓弦和弓臂的接合部固定在两岸的基岩上，这就是拱坝的基本结构。

拱坝虽然也是混凝土结构，但是拱坝并不是靠自身的重力来维持稳定的。那么拱坝是如何维持稳定的呢？奥妙就在两岸的基岩上。两岸的基岩一定要足够结实，拱坝就利用自身的拱形结构，将水施加的压力通过那张弓的弓臂传递到两岸的基岩上，靠基岩来维持稳定。因为拱坝不需要靠自身的重力来维持稳定，所以拱坝可以做得非常薄，充分利用结构优势，节省建筑材料。拱坝建设过程中需要注意的最重要的问题就是两岸基岩的情况，基岩有问题，很容易导致拱坝失稳而造成严重事故。1959 年法国马尔帕塞双曲拱坝失事，原因就是左坝肩基岩存在问题，导致大坝失稳溃决。左坝肩失稳，大坝绕着右坝肩转了个角度，好像水库开了个门，把一库水全部泄向了下游……

国内目前已建的拱坝数量也不少，比如著名的溪洛渡水电站大坝就是拱坝，另外清江隔河岩水电站大坝是比较特殊的重力拱坝。

除了上述三种最常见的坝型之外，水利工程中还有大头坝、支墩坝、连拱坝等坝型。这些坝型基本上都是重力坝的变种，现在工程中实际应用得很少，在此就不再一一叙述了。

无论是混凝土重力坝还是拱坝，坝体都是大体积的素混凝土，就是没有钢筋的混凝土，只在大坝表面局部有配筋。而并非我们通常认为的，整个大坝都是钢筋混凝土结构的。

# 为什么土石坝对洪水的设防标准高于重力坝

在上一篇文章中，本书作者提到了一个观点：由于自身结构的差异，混凝土重力坝抗毁伤能力比土石坝要强。那么各位读者肯定要说了：对于水库工程来说，溃坝失事损毁会造成下游严重的人员伤亡和财产损失，后果难以承受。既然混凝土重力坝相比土石坝抗毁伤能力强，那么为什么我们在建造水坝的时候不都采用混凝土重力坝的形式呢？所有的水坝都采用混凝土重力坝的形式，那么安全系数不就大大地提高了吗？这种说法完全正确，但是实现起来很难。

我国水库工程的现实情况是，绝大多数都是土石坝，少部分是重力坝和拱坝。为什么会这样呢？因为，任何工程建设都是安全性、使用性、经济性相互妥协的产物。不谈使用性和经济性只强调安全，对于任何国家和地区来说，这样的工程建设都是沉重的负担，不可能长久地持续下去。

土石坝相对于混凝土重力坝有造价低廉、材料易寻、施工简便等诸多优点，尤其是造价低廉是土石坝相对于混凝土重力坝最大的优势。我国绝大多数中、小型水库工程是 20 世纪 50—70 年代建设的。在那个年代建设水库是发展农业生产的必然选择，但国家财政相对困难，如不采用土石坝而采用混凝土重力坝的形式，一方面财政负担不起，另一方面我国当年水泥工业的产能也未必能支撑起如此巨大的水泥消耗。即使到了改革开放之后的年代，在很多地区土石坝依然是首选坝型，比如小浪底水利枢纽工程就采用了土石坝中的堆石坝坝型。

在经过论证后适合建设土石坝的地方，任何一个设计者或者决策者都不会不慎重考虑成本和效益而轻易地否决土石坝的建设方案，转而去堆数百万乃至上千万立方米的混凝土建设混凝土重力坝。

但是土石坝固有的缺点又让人们对于它的安全性心存疑虑。如何消除人们心中的疑虑呢？这就是本文讲的——提高土石坝对洪水的设防标准。

正常情况下威胁水库大坝安全的肯定是大坝所在河流发生的大洪水，所以提高水库的安全性，首先要从防御洪水做起。

一般来说同样等级的土石坝和混凝土坝比起来，土石坝对洪水的设防标准要高很多。根据水利行业标准《水利水电工程等级划分及洪水标准》（SL 252—2017），作为 1 级建筑物的土石坝其校核洪水标准为可能最大洪水或者 10000 年一遇洪水到 5000 年一遇洪水标准；而同样为 1 级建筑物的混凝土坝或者浆砌石坝校核洪水标准为 5000 年一遇到 2000 年一遇。

由表 1 可以看出来，无论是几级建筑物，相应的土石坝的校核洪水标准都要高过混凝土坝和浆砌石坝。这是什么意思呢？以 1 级建筑物为例，一般来说大坝为 1 级建筑物的水库都是大型水库。也就是说假设有完全一样的两座大型水库，一座大坝是土石坝，一座大坝是混凝土坝。土石坝就要保证当发生可能出现的最大洪水，或者出现 10000 年一遇洪水，至少是 5000 年一遇洪水时，大坝的主体部分不出问题，不能出现洪水漫坝的危险；而混凝土坝只需要保证出现 5000 年一遇洪水，甚至只是 2000 年一遇洪水时，大坝的主体部分不出问题，不出现洪水漫坝的情况就可以。

**表1　山区、丘陵区水库工程永久性水工建筑物洪水标准**

<table>
<tr><th colspan="2" rowspan="2">项　目</th><th colspan="5">永久性水工建筑物级别</th></tr>
<tr><th>1</th><th>2</th><th>3</th><th>4</th><th>5</th></tr>
<tr><td colspan="2">设计洪水标准 /<br>[ 重现期（年）]</td><td>1000 ~ 500</td><td>500 ~ 100</td><td>100 ~ 50</td><td>50 ~ 30</td><td>30 ~ 20</td></tr>
<tr><td rowspan="2">校核洪水标准<br>[ 重现期（年）]</td><td>土石坝</td><td>可能最大洪水<br>（PMF）或<br>10000 ~ 5000</td><td>5000 ~2000</td><td>2000 ~1000</td><td>1000 ~ 300</td><td>300 ~ 200</td></tr>
<tr><td>混凝土坝、浆砌石坝</td><td>5000 ~ 2000</td><td>2000 ~1000</td><td>1000 ~ 500</td><td>500 ~ 200</td><td>200 ~ 100</td></tr>
</table>

为什么同样的水库标准不一样呢？这样做的目的最主要的就是保证安全。土石坝安全系数相对低，人为地提高土石坝的防御标准，让土石坝尽可能防御更大的洪水；混凝土坝因为本身安全系数高，所以可以适当地设置它的防御标准——反正即使洪水漫坝了也不会出现像土石坝那样的溃坝风险。

土石坝虽然安全系数相对较低，但是造价低廉、材料易寻、施工简便，适当提高土石坝的坝高或者加大泄洪建筑的尺寸，在造价增加有限的情况下，可以大大提高对洪水的防御标准，这样就达成了经济性与安全性的平衡。土石坝都可以保证来了可能最大洪水，或者 10000 年一遇洪水，至少是 5000 年一遇洪水的时候大坝主体部分不出问题，这样的安全性你应该放心了吧。

混凝土坝造价较高，相对土石坝其对洪水的防御标准要低一些，这样也是保证经济性与安全性的平衡。对于混凝土坝来说，将校核洪水标准从 5000 年提高到 10000 年，增加的投资有可能是翻倍的，但是实际上在整个大坝寿命期不要说 10000 年一遇洪水，很可能连 5000 年一遇洪水都没出现过，这样很容易造成投资的浪费。当然关键是，混凝土坝即使发生了超标准洪水，比如真的来了 10000 年一遇洪水，洪水漫坝了，那也不会像土石坝一样造成溃坝的严重后果，进而严重威胁下游安全。所以相比土石坝，混凝土坝可稍微降低防御标准。

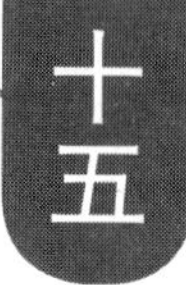

十五

# 截流究竟是怎么回事

截流这个词相信大多数读者都听说过，而且绝大多数读者应该都是从三峡和小浪底工程中知道的这个词。长江三峡水利枢纽工程和黄河小浪底水利枢纽工程的开工建设在二三十年前具有极大地增强民心士气、提高民众自豪感和民族自信心的作用，所以两大工程的大江截流都进行了现场直播。

但是这个直播也造成了很多误解，最大的误解就是老百姓普遍认为大江截流之后就形成了水坝……

那么大江截流到底是怎么回事呢？其实所谓的截流指的是修筑成戗堤（可以理解为为了修建围堰而临时修筑的一种挡水坝）的一部分而已。修水坝，无论是混凝土坝还是土石坝，都不可能泡在水里修吧，都要找一块儿干的地方吧，所以就需要把河水引到别处，让修建水坝的这块儿河床处于相对没有水的状态，然后才好施工啊。怎么样才能把水引到别处，让修水坝的这块儿河床处于相对没有水的状态呢？这就需要导截流，即修导流洞（渠）、修围堰。但是修围堰的时候也需要在水里施工。那就先修戗堤吧……

修水坝的前期工作就是施工导截流，施工导截流包括导流和截流两部分的工作。导流简单地说就是在河道旁边再修一条导流渠或者导流洞，工程施工期让河水通过这条导流渠或者导流洞流向下游；截流简单说就是在要修水坝的位置上游修一堵挡水墙，把水拦起来，不让水顺着河床流向下游，而是通过导流渠或者导流洞流向下游，以保证施工场地干燥（相对的概念，不是平时讲的干燥）。

截流工作的第一步就是修戗堤，就是我们在电视上看到的，大型载重卡车把一车一车的砂石料倾倒入水，看着河流两侧由砂石料堆砌起来的简易堤坝慢慢地向河中间延伸、合拢……然后岸上爆发出来一阵掌声，主持人宣布截流成功，然后直播就结束了……

其实这才是截流工作的一小步。想想也明白，那么大的石头扔下去了，石头和石头之间那么大的缝隙，水轻轻松松就顺着缝隙跑掉了，怎么可能挡住水……所以，电视上直播的大江截流其实只是工程刚开始的一小步……下一步的工作是在这一堆扔在水里的石头（或者叫简易堤坝）的迎水面（上游面）修一层防水层，使其真正起到挡水的作用。这个说起来也简单，就是弄点儿黏土等防水材料糊上，这样就修成了戗堤。但是这个戗堤其实是没有做其他工程处理的，所以不堪大用，只能用于临时应急。靠着这个戗堤暂时抵挡河水，抓紧时间在它的下游对河床进行清理，然后在河床上修建真正的围堰（有时候，也可以对戗堤进行加高、培厚、防渗等处理工作，让戗堤成为围堰的一部分），围堰分为上下游两部分，修好了之后靠围堰挡水，就在河床中形成了一片没有水的陆地（水从导流洞、导流渠流走了）。这片“没有水的陆地”才是修建水坝的地方，大坝就是在这片人工形成的陆地上修筑的。

所以，修建水坝要先修戗堤、再修围堰，然后才能开始筑坝。电视上直播的大江截流只是修建戗堤的一部分工作而已。

一般水库工程截流都会选在枯水期的9—10月，这个时候一是河流水量小，便于截流；二是利用枯水期可以抓紧时间进行大坝施工，当到第二年6月汛期来临的时候尽可能把大坝修到足够的高程，第二年汛期如果发生大洪水，可以尽可能减轻洪水对工程的威胁。

大江截流看起来壮观，感觉也很难。其实里面也是有工程技巧的。第一，都会选在枯水期9—10月进行截流工作，这时候河水流量小，有利于截流；第二，现在工程建设会尽可能利用已建工程的作用，降低截流的难度。简单说就是让上游已建的水库下闸蓄水，不要放水下来或者少放水下来，人为减少河道中的水量，便于截流。

# 死水位的常识

水库工程中经常能听到正常蓄水位、洪水水位和死水位等各种水位。正常蓄水位、洪水水位（包括防洪高水位、设计洪水位和校核洪水位等）比较好理解，那么死水位是什么样的一个水位呢？

2002—2003 年，本书作者刚上大学，对水利水电工程还没有明确的认识。那一年我国中部诸多省份大旱，电视报道中出现了一座水库，记者指着水库说：能看到水库里有水，但是并没有向下游放水以缓解沿岸农田的干旱问题。有理由怀疑水库运行管理部门存在严重的失职。当时本书作者是比较赞同记者的观点的，但是现在就绝对不会赞同了——因为那时本书作者不懂什么是死水位。

水库的死水位是在论证水库规模和承担任务的时候需要明确的一项重要指标。那么什么是死水位呢？死水位就是："在正常运用的情况下，允许水库消落的最低水位，死水位以下的库容称为死库容。死库容一般用于容纳水库泥沙、抬高坝前水位和库内水深。在正常运用中死库容不参与径流调节，也不放空，只有在特殊情况下，如排洪、检修和战备需要等，才考虑泄放其中的蓄水。"这是经典的教科书定义。

通俗一点儿说就是这个水位以下的水一般来说是不能放的，不能供给生产生活之用的。那么原因是什么呢？经典的教科书定义中也给出了答案："死库容一般用于容纳水库泥沙、抬高坝前水位和库内水深。"因此，不能用于生产生活。其实这个定义对于非水利专业的人来说仍然是很费解的——为什么就不能呢？下面我从灌溉、泥沙淤积和发电三个角度分别解释，估计大家就明白了。

首先是灌溉。俗话说"人往高处走，水往低处流。"在我们一般认知中，除非用水泵抽水，否则水是不可能往高处流的，水都是从高处流向低处，要让水顺利地流动，必须要有一定的落差。假设准备在一条河上修建一座水库用于灌溉河流下游的农田。河流下游的农田最高处海拔是 1000 米，水库坝址处的河床高程是海拔 1010 米，跟农田最高处有 10 米落差。而从水库坝址到农田边缘距离大约为 20 千米，农田灌溉要求的放水流量是 10 立方米每秒，经过计算想要从 20 千米外顺利地引 10 立方米每秒的水过来，需要的落差起码要 30 米，也就是说水库放水洞起码要修在 1030 米处才能满足引水要求。而我们知道水库坝址那里的海拔是 1010 米，这就意味着水库修起来之后，从 1010 米到 1030 米这一部分库容是不能用于灌溉的，对于灌溉来说，1030 米就是死水位，以下的库容就是死库容。

当然还有另一种情况，虽然不常见却更能说明灌溉对死水位的要求问题。这就是灌溉台地。假设河边有一块台地平整肥沃，特别适宜发展农业，但是台地海拔高度为 1050 米，比河道高好多，因此水引不上来无法发展农业生产。这时候仍然在 1010 米这里修建水库，利用水库直接壅水。假设壅水到 1060 米就可以满足台地引水的要求，则 1060 米就是死水位，以下的库容就是死库容，死库容的作用就是壅高水位，让台地可以引水灌溉，其本身的水却不能用于台地灌溉。

其次是泥沙淤积。仍然以前述水库为例，该水库满足灌溉要求的最低水位到 1030 米就够了。但是这条河流本身泥沙问题又比较严重，尤其是汛期洪水携带大量泥沙进入了水库。泥沙计算及实验结果显示，在水库使用寿命期内，坝前泥沙淤积量可以达到 1040 米，也就是说 1040 米以下的库容慢慢都会被泥沙给淤积满，这时候显然就不能把死水位定为 1030 米了，因为不知道哪一天 1040 米到 1030 米之间的库容就被泥沙淤满了，就不能用来存水了，还按照 1030 米确定死水位，就不能满足灌溉用水要求了，因为原本有水的地方全是沙子了，自然灌溉用水就不够了。为了满足灌溉用水要求，死水位起码应该定在 1040 米，以下的库容就让它用于淤积泥沙——这就是泥沙淤积对死库容的要求。

最后说说发电。这个其实最简单，发电要引水，发电洞里面的水都是有压的，不能混掺空气和垃圾，否则会破坏发电引水系统，造成严重事故。为了保证发电洞处于有压状态，发电洞必须有一定的埋深。比如某个水库电站发电洞顶高程为 1000 米，其洞顶需要距离水面有 10 米的距离，即埋深要达到 10 米，才能保证发电洞有压，空气和垃圾不会进入发电洞。这样一来，水库水位起码要维持在 1010 米才能满足发电的要求，其死水位至少要达到 1010 米才行。

上面我们简单分析了灌溉、泥沙淤积和发电对死水位的要求。由于工程所承担的任务、建设条件等诸多因素的影响，每一座水库死水位的选择都是多种因素共同作用、选择的结果，其复杂程度远超文章的分析。

死水位对水库工程来说意义重大，当遇到抗旱期，看到水库里有水却没有往外放用于抗旱时，不要鲁莽地下结论说水利部门和水库管理部门置广大农民的利益于不顾，存在严重失职，因为实际情况可能是为了抗旱水库已经放至死水位了，放空了，已经没有能力抗旱了……

十七

# 水泥寿命是60～70年，那么水利大坝70年以后会如何

任何一项建筑都有其寿命，作为重要基础设施的水利工程也是如此。那么当一座水利工程达到使用寿命之后人们应该如何去对待它呢?相信许多读者心中都有这个疑问。本书作者不久前收到一条读者提问，“我们的大坝都是水泥修建的，水泥的寿命只有60～70年，60～70年之后大坝怎么办？”这一提问直接戳中了水利工程中一个重要的指标，就是工程的耐久性。

第一，在本书之前的篇目中已经提到过，目前已建的大坝中有80%以上是当地材料坝，也就是土石坝。这种坝可以说就是一堆石头或者土，不存在大规模的混凝土耐久性的问题，当然它本身也存在使用年限问题，但是这跟“水泥”没关系。而新建水利枢纽工程，坝型比选的时候，一般的第一选择依然是当地材料坝，需要用大体积混凝土的坝型不是第一优先考虑。

第二，从工程实践的角度说，每一个水利枢纽工程从竣工验收起每隔五年都要委托有资质的单位做一次“大坝安全鉴定”。

水利枢纽工程运行条件相对较为恶劣，一般都在山区，极端天气多，

各种地质问题复杂，北方还存在冬季冰雪的冻融问题。因此，定期做安全鉴定很有必要。

大坝安全鉴定需要对包括大坝在内的建筑物，比如泄洪系统、金属结构、引水系统、监控系统进行全面的安全等级评定。根据评定结果对建筑物进行处理：比如对金属结构保养、维护、维修、更换；对土石坝的大坝防渗体进行维修、更新；对大坝坝体进行维修；对监控设备进行更新；对水库库容进行清淤恢复等。

对于鉴定结论为病险水库的，需要进行专项工作——水库除险加固。基本上就是按照流程再对水库进行一轮设计、维修施工，消除问题和隐患。这部分一般每年都是有专项资金的。

第三，水库除了有建设期投资，还有运行维护费用，用于日常维修养护工作。

第四，水库的报废拆除。对于已达使用寿命，且由其他工程代替其任务的水库工程，可以按照程序报废拆除。

# 踏勘札记

前面讲的都是水利工程的概念和技术，这一篇说一说水利工作者日常的工作片段。

对于非水利专业的普通读者来说，可能认为水利工作者的工作要么是在办公室画画图，要么是在工地上进行施工，要么就是给农田灌溉放水，要么就是汛期守在大堤上防洪。这些认识都不错，都是不同岗位、不同职责的水利工作者工作的缩影。下面本书作者就讲一讲一个普通读者难以见到的水利工作者的工作内容——踏勘工作。

踏勘（查勘）这个词对非水利行业的人来说可能比较陌生——踏勘，“踏勘”这两个字都认识，但是组合起来却不明白是什么意思。

踏勘，简单说就是在某条河流准备规划、修建水工程（水利枢纽、电站、渠道、堤防等）之前，由当地水行政主管部门或者项目业主（一般为涉水工程运营企业）与设计单位相关专业人员共同对河流基本情况、工程建设条件等进行现场调查了解，以便为后续工作提供最直观的第一手资料。

踏勘这件事是水利工程技术人员日常工作的一部分，很多工程师从刚一参加工作就踏上了踏勘之旅——因为完成踏勘工作的首要条件是身体素质要好。

踏勘本身在我看来没什么好说的，日常工作的一部分而已——习以为常了罢。本来也没有准备把踏勘写进这一系列文章里去，只是前几天看了教授级高级工程师张伟同志写的一篇踏勘小记，回想工作以来的踏勘经历，发现其实踏勘这件事是很能集中体现水利工作者工作环境的艰辛、危险；工作态度的严谨、细致；工作作风的踏实、奉献的。刚好前几天本书作者又作为项目组成员参加了阿尔金山北麓一条小河——瓦石峡河的踏勘工作，原有的经验加上新鲜的经历，促成了这一次的动笔。

和阿尔金山北麓的诸多河流一样，瓦石峡河也是一条河床深切的河流，出山口以上河段现代交通工具是无法通行的。想要深入山区实地探查，为拟建的水利工程选择最适宜的建设地点，唯有徒步进入。

新疆的很多河流出山口以上的山区基本上都是人迹罕至的无人区。可以说几百上千年来除了零星牧民之外，包括当地水利、国土、林业工作者这样经常与山区打交道的人在内，几乎没有人深入过山区腹地实地了解过那里的情况。而作为新疆的边远地区的阿尔金山北麓的一条小河的瓦石峡河更是如此，在我们之前除了个别水利工作者和农牧民之外，从来没有人深入过该河的山区。我们的这次行动也算是千百万年来人类为数不多的对瓦石峡河的叨扰了。

准备装备给养、听曾经进入过该区的人介绍基本情况、找向导……经过一番忙碌之后，第二天早上6点准时出发，在戈壁滩上一路颠簸，9点钟到达瓦石峡河出山口，此处已经不能再通行车辆，只能下车步行。分配装备给养后，一行9人踏上深入山区腹地的征程。向山口进发的途中，大山就给了我们一个下马威——一座高高的沙丘横亘眼前，登上沙丘大部分人就已经是气喘吁吁了，看看行程才走了不足 1 千米，看起来前路漫漫，挫折不断是注定的了。进入山区后，耗费体力的绵软的沙地依旧，听向导说，需要前进三四千米以上沙土才会消失，变成相对坚硬的砂砾石戈壁。放眼望去，头顶一侧是高耸入云的雄浑大山，脚下一侧是壁立千仞的深切河谷，眼前是宽度不足 1 米，很多地方甚至不足 0.5 米的羊肠小径，说是羊肠小径都不正确，其实只不过是较缓的一段小坡罢了。间或有一点相对平坦的山间盆地，也是千沟万壑。在前进的路上不断地下冲沟、上冲沟，做这种严重消耗体力的运动，路程却不见走了多少。而且稍不留神，没有跟上向导的脚步，就会被眼前突现的幽深洪沟拦住去路，只好沿着冲沟向上游跋涉，寻找到相对平缓的通行之处。

点缀满眼黄褐色的只有斑斑落满沙尘的绿色——各种沙漠戈壁耐旱植物，在此顽强地生长。可能是沾染了这沙漠戈壁河谷萧索的气氛，

这绿色看起来也远远不如下游绿洲那般生机勃勃，而是充满了争分夺秒发芽、长大、开花、结实的紧迫与匆匆——错过仅有的汛期水源，它们很可能就会失去生存并繁衍后代的机会。在戈壁沙海中看见绿色本来应该是一件让人身心愉悦的事情，但是看着这紧迫的绿色，不但没有使人愉悦，反而更加焦虑并感慨“行路难”。

6 月阿尔金山的紫外线分外强烈，临行之时每个人都换了长衣长裤，遮阳帽、遮阳镜等防晒装备。山风吹来，初觉不甚热，但是随着时间的推移，太阳越爬越高，风似乎也停止了，包裹在厚重防晒装备之下的每个人都燥热难耐，部分人脱掉了厚重的防晒装备，享受片刻的清凉，然而不久之后就感觉皮肤裸露的部位火辣辣地疼，晚上回城之后发现每个人皮肤裸露的地方都留下了阿尔金山的印记——通红痛痒，不久就会脱皮。

经过近 5 小时的跋涉，仔细看过了拟定的几处坝址后，我们基本上完成了踏勘任务，准备胜利返程。我心里暗想，胜利是胜利了，返程却比较艰难了——只能原路返回，体力充沛时走这样的一段路尚且处处磨难，经过一路跋涉，一路工作，很多人体力已经透支，返程必然难上加难。然而与我想的完全不同，返程的路虽然依然难走，但是我们却意外地比进山之时用时更少。在这里不得不提一下我们的向导——一位塔吉克族小伙子，凭着对道路的熟悉，在他的带领下我们几乎没有多走一步冤枉路——而据我们了解，在我们之前曾经有一批做流域规划工作的水利设计人员曾经因为走错了路，用了三天时间才完成我们一天就走完的路程——进出山区河谷都异常顺利，返程时连跟随我们一同踏勘的若羌水利局卡米尔主任都不断跟我说：“因为我们是做善事，所以连老天爷都帮我们，没让我们走错路！”其次，我们的向导有非常丰富的野外经验，一路走他总会寻找相对阴凉的地方让大家休息，在休息时将随身携带的水和食物储存在阴凉的石缝中，一方面减轻了我们的负重；另一方面返程时，每走一段路我们就能及时得到给养补充。

但是走到将要出山口时，我们还是遇到了此行最大的麻烦——依然是那座横亘眼前的巨大沙丘——都不知道我们来时是怎么翻越它的。因为沙丘过于高耸，而队伍里个个体力透支，甚至有个别人已经出现了腿部抽筋的状况，所以部分人就想绕过沙丘前进——他们走错了路。我们几个在前方攀爬沙丘时，突然发现落在后面的几个人越走越接近深切的河谷，目测河谷深达上百米，一旦失足后果不堪设想，考虑到队伍中有人抽筋，更加放大了失足的可能性。急得我们几个爬上沙丘大喊让他们远离河谷，向上攀爬……好在最后有惊无险，翻过这座沙丘，我们在下午 6 点的时候回到了出发的地点——整整 12 小时的跋涉，23 千米的崎岖山路。甚至事后项目负责人和主管副总都说这是他们经历的最危险的一次踏勘。

在我看来，水利工作本身一直是充满危险的工作之一，在这方面我们也是有血的教训的。但是无论多么危险的踏勘工作、无论自己有什么样的困难，只要踏勘任务下达，所有参加人员都能做到不推诿、迎难而上。为什么会这样？就我自己来说没有什么高尚的思想境界，只是因为选择了这个工作，这是责任而已。既然是你的责任，那就需要你去努力完成，克服困难，规避危险也是完成工作的一部分。

自然灾害发生时，经常看到解放军和武警战士冲在抢险救灾的第一线承担危险；发生火灾时很多消防官兵明知火场危险依然义无反顾地冲进火场。揣摩一下他们内心的想法，我估计他们也不会有很多外人后来想象的高尚念头，只是那是他们的责任。

其实，能认真履行自己的责任，本身就是很了不起的。中国工程界先驱詹天佑理想的中国不过是“各出所学，各尽所知，使国家富强不受外侮，足以自立于地球之上”。尽责，在许多伟大人物看来都是最重要的操守和品质。

本书作者供职的单位历来实践着贯穿工作全局的四特精神，即“特别能吃苦，特别能战斗，特别能担当，特别能奉献”。其实浓缩起来就是一句话“我们的工作需要人人尽责”。艰难也好，危险也罢，那都是工作的组成部分。不畏艰险，迎难而上，就是尽责。

十九

# 从三峡大坝通航繁忙说起

这部分内容主要向各位读者粗略地介绍一下水利工作的重要组成部分——规划工作的相关情况。

首先让我们看几篇新闻报道：2014 年 4 月 30 日，中国海事服务网的文章《船闸通过能力不足，三峡大坝成瓶颈》；2015 年荆楚网的文章《三峡船闸通航能力已不堪重负，力破航道瓶颈》；2017 年 4 月 19 日，新华网的文章《三峡船闸提前 19 年达设计通过能力》……这样的文章在网络上还有很多很多，其实都阐述了一个客观存在的事实——三峡大坝目前的航运能力不足。

本书作者在看到这样的文章后都会习惯性地看看下面的评论，果然有许多质疑“因为修建了三峡工程而造成通航瓶颈”的声音。这种声音分两类，大多数是普通民众因为不懂水利而产生的疑虑；少部分是故意为之的恶意中伤。

上面列举的新闻报道中基本上都有一句话“三峡船闸已经提前 19 年达到设计通航能力。”这是一句非常重要的话，有了这句话和没有这句话整篇新闻报道的意义完全不同。只是非专业人员不注意、不理解这句话的含义罢了。

这句话是什么意思呢？解释这句话之前我们先看一组数据，2000年三峡工程尚未建成时，通过葛洲坝船闸的货运量大约是每年1000万吨；2004年三峡船闸刚刚建成通航时，通过三峡船闸的货运量大约是每年3500万吨；而到了2011年，通过三峡船闸的货运量就达到了每年1亿吨。为什么2000年的货运量只有1000万吨，2004年货运量只有3500万吨而到了2011年货运量就达到了1亿吨呢？原因主要有以下两点：①经济发展的结果。2000年、2004年长江三峡上游地区经济无法与2011年相比，相应的货物运输量也要少一些；②三峡工程的修建改善了三峡上游地区的航运条件，提高了航运能力。没有建设三峡工程的时候重庆到宜昌段的航道由于急流险滩密布，导致可以在该航段通行的船舶吃水深和船宽都受到极大限制，载重能力不足；三峡工程蓄水将很多急流险滩淹没，使航道航深增大、加宽，水流也趋缓，极大地改善了航道条件，提高了船舶运输效率。水运相比其他运输方式天然具有成本优势，再加上航道通航条件的改善，促使更多的货物运输选择水运的方式。航道条件的改善，一方面提高了运输能力；另一方面也吸引了相比原来更多的货物运输量……这是一个循环上升的必然过程。我们假设没有修建三峡工程之前该航道通航能力只有每年3000万吨，最大只能通航排水量3000吨的船舶，那些超过通航标准的船舶自然不会选择走该航道；修建了三峡工程之后航道的通航能力达到了每年1亿吨，可以通航排水量超过7000吨的船舶，那些原本不能走该航道的船舶也会选择走该航道了。一方面，三峡工程的建设改善了通航能力，另一方面由于通航能力的改善又吸引了更多的船舶通航。

现在回到这句“三峡船闸已经提前19年达到设计通航能力”。就比较好理解了。这句话的意思是：三峡工程设计之初，预计到2030年航运量才能达到每年1亿吨。具体解释一下就是：通过对工程建设的技术难度、工程建设的投入与工程建成后的效益等进行技术经济比较，认为随着三峡工程建成后航道条件的改善，宜昌到重庆段长江的通航能力达到每年1亿吨是较为合适的，将船闸建设成年通航能力1亿吨，可以满足2030年之前的航运需求。但是随着经济的快速发展，到了2011年三峡航运就已经达到了每年1亿吨的规模，也就是说三峡的航运能力已经比规划提前了19年达到设计指标。这才是三峡工程目前通航困境的根本原因，而并不是三峡工程本身的原因。

那么为什么会出现这样的情况？这就涉及水利水电工程建设中最重要的专业之一——水利水能规划（也称水能规划、动能经济专业等）的工作了。就拿三峡工程的航运来说，在修建工程的时候，要对工程所能承担的任务能力和完全发挥这种能力的时间有一个预计。三峡工程的航运任务能力预计为1亿吨，预计要到2030年航运的增长才能让三峡工程完全发挥这种能力。

航运任务能力的预计和完全发挥航运能力的时间的预计并不是凭空想象出来的。而是依据交通部门和水利部门掌握的历史航运资料、统计部门掌握的航运增长情况的统计结果，走该航道的船舶情况，未来经济发展的预期对航运增长的要求等综合考虑后经过技术经济比较确定的。这个确定过程不是设计单位的工程师单独完成的，而是设计单位的工程师提出初步方案，相关各级审查单位和相应部门领域（比如交通部门、海事部门、造船业等）的专家学者对初步方案的可行性和合理性进行评审，提出修改意见对初步方案进行修改后确定的。这是一个相对科学的决策过程。

现在回顾这个决策过程，我想30年前的人们依据当年所能掌握的资料，尽可能地进行了科学决策。但是没有人预料到中国经济能连续几十年爆发式的人发展，与经济发展息息相关的运输量的增长远远超出了当时人们的预期，船舶技术的发展也导致通航船型与原来的预期相比发生了很大的变化，导致原本以为到2030年才能达到的航运量在2011年就已经达到了。但是工程设计航运能力就只有这么大，能通过的船型就这么多，随着航运量的增长，拥堵就成了常态……

有读者问那当年为什么不论证到2亿吨呢，这就是技术经济比较的问题了，也许当年的论证认为达到2亿吨的通航规模，需要付出的建设、移民、生态环境等代价太大，而得到的收益较小，得不偿失。也许在当年的规划与决策中也并未将航运功能放到与防洪、发电等功能同等重要的地位，在对航运要求进行预测时偏于保守，认为工程的建设已经大大提高了航道通航条件，该航道航运不可能爆发式地增长，通航船型也不会有什么大变化，每年1亿吨的航运量已经可以满足未来40 ~ 50年的航运需求了。

客观地说，三峡工程的建设确实改善了长江航运条件，提高了航运效率；同时，设计阶段对航运增长的估计未能跟上经济发展的速度也导致现在三峡工程成为航运的瓶颈。这需要水利、交通、海事等相关责任部门共同承担决策的后果、共同解决航运瓶颈问题。

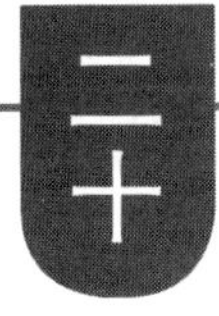

二十

# 水利规划是什么

上一篇文章借着三峡航运的问题，谈到了水利建设中最重要的专业之一——水利水能规划专业。也谈到了由于决策未能跟上经济发展的速度导致三峡规划航运能力很快饱和的问题。那么除了航运，水利工程承担的其他任务是如何决策？如何确定的呢？这都是水利水能规划专业需要解决的。这一篇就从防洪、灌溉、发电等领域跟各位读者聊一聊水利水能规划专业。

水利水能规划专业在设计领域有个诨名“鬼划”。而且这个诨名不是业主或者施工单位喊出来的，恰恰是水工设计、地质、测量等专业的工程师喊出来的，为什么？因为相对水工设计、地质、测量等专业来说，规划专业更偏重对未来的预测，结果具有一定的不确定性，也容易受政策、法律、经济社会环境变化等因素的影响，并不像水工设计专业一样有很确定的结果；而规划又是前序专业，项目在进行过程中因为技术、政策、环保等各种各样的原因，导致原本确定的建设任务和建设规模发生了变化，规划专业需要对任务和规模进行重新论证，那么后续专业全部要因为规划成果的变化而返工，所以后续专业就把返工的怨气发泄到规划专业上了，“鬼划”的名字就叫出来了。

水利水能规划专业在水利水电工程设计领域被称为“龙头专业”，为什么呢？因为规划专业最重要的工作是预测未来发展，然后根据预测的未来发展情况计算工程可以满足未来发展用水、用电要求的规模。有了工程的规模，才能进行具体水工设计工作。我们看到大江大河上的水利工程，没有两个是完全一样的，原因就是无论大小没有任何一条河是一样的，没有任何一个工程承担的任务是一样的，两个不一样碰在一起，为了完成本身承担的任务，并且保证相对合理的经济效益指标，计算出来的工程规模自然也是不一样的。这一点跟火电、风电、太阳能甚至核电这些是不一样的。发电厂是较为单一的生产部门，所以在某些情况下可以标准化建设，比如在全国很多地方建设的单机 35 万千瓦或者 100 万千瓦的火电，装机 4.95 万千瓦的风电场，因为它们承担的任务很单一，就是发电，所以可以标准化生产。

水利水电工程不能标准化生产，那怎么办？那就只能一个一个规划，一个一个设计了。

以城市防洪为例，根据规范要求，首先要按照城市人口规模和经济规模对城市等级进行划分，不同等级的城市防洪标准是不一样的。比如特别重要的城市防洪标准至少达到 200 年一遇；重要城市要达到 100 ~ 200 年一遇标准；一般城市要达到 50 ~ 100 年一遇标准；县城要达到 20 ~ 50 年一遇标准；乡镇要达到 10 ~ 20 年一遇标准。

首先从标准上就有了区分，不同等级的城市防洪标准不同，相应的洪水也不同，需要的水库防洪库容也不同。那有读者说了，谁说不同，这里有两个县城，它们的防洪标准不就相同了？县城的防洪标准也未必相同啊，县城根据重要性不同，防洪标准可是在 20 ~ 50 年一遇之间选择的呢。那又有读者说了，这两个县城一样重要，防洪标准都是

50年一遇，这样总该相同了吧？那也未必啊，两个县城位于不同的流域，两条河的大小不一样，同样是50年一遇的洪水，洪水的洪峰值和洪量值也不同，需要的防洪库容就不一样。继续有读者说，这两个县城都在这条河上，这样子应该相同了吧？还是未必。因为两个县城不可能位于同一个位置上，必然会相隔一段距离。同样一条河，不同地点的径流量不同，河道过水能力（能让多少水安全流过而不漫出河道的能力）也是不一样的，比如上游河道较深，最大可以通过的洪水流量较大，下游河道较宽浅，泥沙淤积严重，相应地可以通过的洪水流量较小，同一场洪水流到两个城市还是不一样。再有人说了，我这两个城市所处的河道过流能力就是很巧合的相同，这样子需要的防洪库容就一样了吧？依然未必。因为河道有坦化作用，就是洪水有一部分水被河流枝杈、河湾之类的地方给截留了，所以在河道里流着流着就变小了，同样一场洪水，流量在上下游其实是不一样大的……说了这么多，其实就是想说要找到两个完全相同的保护目标基本是不可能的，这也就决定了不可能有一个通用的模板来进行防洪任务的规划设计工作。

灌溉也是类似，灌区面积不同、高效节水灌溉比例不同、种植业结构不同、灌溉制度不同、灌溉定额不同、灌溉水利用系数不同等，导致不可能有一个通用的模板来进行灌溉任务的规划设计工作。

发电同理，河流流量不同、纵坡不同、水头损失不同、单位千瓦投资不同、单位电度投资不同、电网对电力的需求不同、水库的调节能力不同等，导致不可能有一个通用的模板来进行发电任务的规划设计工作。

由于水利水电工程的这一特殊性，对水利水能规划专业而言就带来了两个问题。首先是规模的不确定性。规模依赖于对未来的预测，根据预测的结果，确定工程的防洪库容、供水量、发电量等参数，然后计算为了达成这些参数需要的库容和装机容量，进而罗列出工程规模方案组合，最后根据不同方案组合的国民经济评价指标和财务评价指标选定采用的工程规模。以上任何一个环节出了问题，都可能影响规模的选择。

其次是规划审查的不确定性。如果说其他水利专业的专业门槛在门外，一眼就能看出来，一张嘴就能听出来是否专业；那么规划专业的门槛在门里面，不能一眼看出来，不能通过一两句话听出来。在审查会上最怕听到的专家意见是“我感觉……我认为……”因为规划本身就是对不同方案、不同结果比较优选的过程，所以基本上每个方案都有存在的合理性。有些人执着于某个方案但是又没有参与过具体的比较工作,一句“我感觉……我认为……”就需要规划工程师论证好久。

规划是龙头，是最重要的专业之一，是最难的专业之一。同时规划又是受外界干扰最大、个人意志在技术论证中所占的权重最大的专业之一。

（本文部分内容发表于2023年4月7日《南方电网报》）

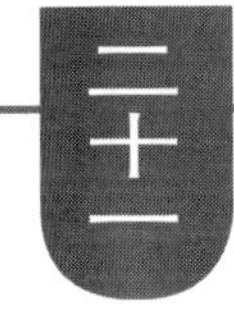


# 如何确认水利工程承担的任务

如何确认某一项水利工程承担的任务以及任务覆盖的范围？这个问题是规划专业的核心问题之一。水利规划工作者，最终的工作成果最直观的体现就是水利工程的任务和规模。即便是水利工作者，若没有从事过水利规划工作，对于水利工程承担的任务以及任务覆盖范围，也是基本上说不清楚的。

我国不少跨省的大型河流上都修建了众多的水利枢纽工程。随着网络的发展，关于这些工程承担的任务以及任务覆盖的地域范围在网络上引发了不少辩论和争论，但是说来说去，谁也说服不了谁，因为参与争论的人确实也不知道如何获取相关信息。

本篇并不是要讲述水利水电工程的任务论证过程，而是想说明如何在技术文件中找到有关工程任务的准确描述。

下面进入正题，水利水电工程承担什么样的任务，任务的范围包括哪些区域？这个问题的答案写在工程各阶段设计工作报告的“工程任务与规模”篇章中，当然在项目建议书阶段是写在“工程建设的必要性与任务”篇章中的。待报告批复了，上升为具有法律效力的正式

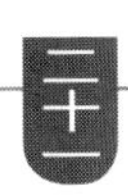

文书，那么工程建设的任务也就确定了。

但是非专业人员一般看不到也不大看得懂专业技术报告，那么如何确认工程建设的任务呢？有以下两个途径。

第一，看审查、批复和核准意见。

（1）审查意见一般是根据工程重要性，由国家级到地级水行政主管部门委托相关技术单位出具的有关工程技术是否可行的审核文件，当然水利部下属的七大流域机构也有审查和批复权限，他们代表水利部，尤其是黄委和长江委权限一般高过省级。审查意见会对工程承担的任务作出明确的界定。

（2）各级水行政主管部门会根据审查意见出具相关批复文件。批复文件会根据审查意见内容，再次对工程承担的任务作出明确界定，并且一般会把审查意见作为附件。

（3）涉及国家投资的公益性项目，各级发展改革部门会再次委托技术单位（比如中国国际工程咨询公司等咨询机构）对工程进行咨询，出具咨询意见，然后发展改革部门根据水行政主管部门批复以及咨询意见对项目进行核准。核准文件也会对工程承担的任务进行再次界定。不申请国家投资的项目也会有发展改革委的手续，但是就没这么复杂了。

审查意见、批复意见和核准意见，只要不涉及保密工程，一般都可以在官网查询到，甚至百度百科都有收录。

这种文件对于工程承担的工程以及工程覆盖的地域范围论述是非常严谨的。

第二，看工程核准文件中工程投资如何分摊。

不看工程核准文件，直接看工程投资来源也可以。假设一个水库工程，承担了防洪、灌溉、发电、航运、漂木和水产养殖等诸多任务，那么各任务是要根据使用库容的大小来分摊投资的。防洪、灌溉等公益性项目可以由国家和地方有关部门投资；发电、航运等纯经营性任务由相关企业分摊投资。谁受益谁投资，很公平。

对于公益性任务，投资是由国家和地方共同筹措的。抛开国家投资不谈，谈地方投资部分，比如某分洪和蓄滞洪工程，是否保护了另外两省，要看工程建设的时候，地方投资的部分是不是另外两省也有投资？如果投资中明确有另外两省的投资，那肯定是有保护任务，如果没有其他两省的投资，那说明任务里就不包括保护其他两省。其他任何机构之间相互行文的东西，都不如投资分摊对工程任务的定义准确。

下面我们来举例说明水利工程承担的任务不能轻易改变。

某中型水库工程，水利部已经委托流域委员会对其进行了审查，工程任务明确，无城市供水任务。工程建成后，辖区地方在水库下游修建了城市供水工程，要求水库为其供水，并且要保证供水水量和供水的稳定性。当然，水库下泄的水都归辖区用，非要把农业水当作城市用水，那谁也管不着，反正水到了辖区，想怎么用是辖区自己的事——只要没被上级行政执法部门巡查到。但是水库本身不会因为下游修了城市供水工程就自动增加城市供水任务。

然而在该项目的调度规程审查的时候，省级审查专家组中，有一位专家提出了城市供水这个任务，建议水库按照城市用水的水量进行稳定供水，而该水库根本做不到城市供水的稳定性。所以该意见一经提出就被专家组其他专家拒绝——水利工程任务界定是很严谨的，想改变可以，到原审批单位重新报审并通过批准。就这个工程来说，水库无法干涉下泄水的用途，对于改变用途的行为只能表示无奈，但是绝对不会因为下游改变用途就改变水库的任务，进而改变运行方式。

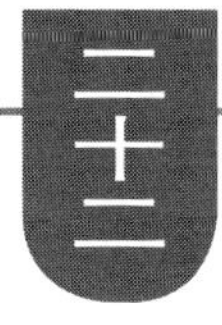

# 水库库容与坝址径流的相互关系

2021年的某一天，有网友在某网站上向本书作者留言，邀请本书作者解答一个问题，问题大概是“有没有可能在黄河上修建一座‘三峡大坝’”。

收到这个邀请，本书作者一时不知道该如何作答，因为这个问题问得既抽象又具体，抽象的是问题中问的三峡大坝究竟是指的重力坝这个坝型？还是近400亿立方米的库容？或者是2000多万千瓦的电站装机容量？具体的是，他毕竟直接提到了三峡大坝，以三峡大坝为参照标准了，万一回答的跟三峡工程无关，岂不是闹笑话了？

想了想，以前曾经介绍过径流与河湖水库的关系，但是并没有结合长江、黄河两条大河来说，不是很具体，不如借此机会以长江、黄河为例，说一说水库库容与坝址径流的关系，这也是规划专业工作的重要内容。

水库库容与坝址径流的关系，直接反映了水库的调节能力。

以黄河为例，黄河上有比三峡工程调节能力更牛的水利枢纽工程——龙羊峡水利枢纽，还有龙羊峡下游大大小小一堆水库。

在本书前面的篇章中曾经提到过，长江三峡水库库容不到400亿立方米，绝对值其实不大，在全世界水库库容排名中大概三十多位的样子，坝址多年平均径流量大概4000亿立方米，库容系数不到0.1（库容系数是水库调节库容与坝址断面多年平均径流量的比值），仅能做到季调节，也就是说仅能把夏天多出来的一部分水蓄存起来供春秋季用。考虑到三峡工程首要的任务是防洪，汛期水库要降到汛限水位防洪运用，不能蓄水。所以其实它能蓄的水也就只有汛末8月底到9月的水量，万一遇到枯水年10月之后继续蓄水，下游马上就会反馈下泄水量不足。因此，虽然三峡工程库容世界排名三十多位，电站装机规模世界第一，绝对体量非常大，但是由于长江在三峡那里巨大的径流量，事实上三峡工程的调节能力是有限的。

再说黄河龙羊峡水利枢纽工程。龙羊峡水利枢纽工程坝址断面黄河多年平均径流量200多亿立方米，龙羊峡水库库容250亿立方米，库容系数超过1，意味着什么？意味着龙羊峡水库有能力把黄河在那个断面一整年的水全部蓄存起来，也意味着龙羊峡水库有能力蓄存多个汛期的水量。关于第一点，看库容与坝址断面径流就能理解，在此不作解释。关于第二点，我们作如下一个假设，假设连续5年黄河都是丰水年，除了供给沿河生态、生活及生产用水之外它在龙羊峡水库坝址断面每年还能结余10%的水量，也就是20亿立方米，龙羊峡水库完全可以把这20亿立方米水蓄存起来，连续存5年，存100亿立方米的水；然后是连续5年的枯水年，黄河来水供给沿河生态、生活及生产用水的缺口恰好是10%的水量，同样是20亿立方米，龙羊峡水库从其蓄存的水中每年都可以拿出来20亿立方米的水，补充下游生活及生产用水的不足，连续补充5年。龙羊峡这样的水库就叫作“多年调节水库”。这个调节能力可不是三峡工程能企及的，三峡工程坝址断面多年平均径流量的 10% 是 400 亿立方米，三峡水库是无论如何存不下这 10% 的水量的，更不要说连续存 5 年了。

除了龙羊峡水利枢纽之外，黄河上游还有刘家峡、青铜峡、李家峡、盐锅峡、八盘峡、积石峡……中游有万家寨……下游有三门峡和库容 100 多亿立方米的小浪底水利枢纽，整条黄河上所有水库的调节库容加起来有 500 亿立方米了，而黄河花园口断面还原后的多年平均径流量也才 500 多亿立方米。所以黄河上的水库可以对黄河来水进行几乎是随心所欲的调节，再加上黄河水利委员会的强力管理，这是黄河水资源分配较为平顺，没什么大冲突和保证黄河不断流的重要基础。

如果在三峡工程那里修一个具有龙羊峡调节能力的水库，那么库容大概得 4000 亿立方米，那就是世界第一了。

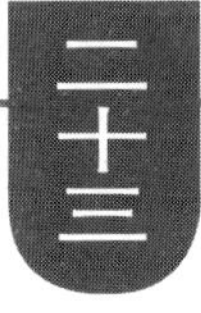


# 有关设计水平年或者规划水平年的解释

同样是2021年的某一天，有网友在某网站上向本书作者留言，邀请本书作者解答问题，这个问题比较长，大意是：为什么南水北调中线工程2014年通水，知网上的文章一九九几年、二零零几年就已经讨论其对汉江的影响了？另外，在一篇文章上看到说“在2010年调汉江水进京，建成崔家营、兴隆水库以后……”，是不是也是预测2010年会调水，然后后来实际是2014年才通水，延迟了？

问题恰恰戳中了水利水电规划工作中的核心内容之一——水平年的选择。

大家知道，汉江是南水北调工程的水源调出区。只有对调出区调水后可能对本地生态、生产与生活产生的影响进行预测，才能提出减轻影响的工程和非工程措施。所以，预测工程的影响是工程规划设计的基本操作。这就可以解释为什么一九九几年、二零零几年就已经有文章讨论南水北调对调出区的影响了。那么这些影响将在何时出现呢？这就引出了下一个问题，即工程影响出现的时间及其利弊。

工程可能产生的影响包括正面和负面影响，正面影响包括经济效益、社会效益，负面影响主要是工程移民、生态破坏与环境保护等。那么工程的正面影响何时能够达到最大，工程何时能够发挥最佳效益；工程的负面影响在何时开始显现、通过采取措施在何时能够消除，这一系列的问题又接踵而来了。面对公众的疑惑，水利工作者总不能说，“反正有影响，具体什么时候出现不清楚，什么时候消除也不清楚”这样的话吧。

为了衡量工程正面影响何时能够达到最大，发挥最大效益（达产），何时能够减轻或者消除负面影响，水利工作中产生了“设计水平年”的概念。

（1）所谓设计水平年或者规划水平年就是根据对经济社会发展的预测，得到的工程建成后完全发挥效益，完全达产的某一年。一般考虑工程建设周期、工程区社会经济发展状况，并且一般与国民经济和社会发展五年规划保持一致。

以供水工程为例：比如某一个工程，设计供水量是 1 亿立方米每年，预计 2000 年开工，2004 年建成，但是 2005 年受水区只能消耗 3000 万立方米水，2006 年只能消耗 6000 万立方米，到 2009 年才能消耗到 1 亿立方米，那么就可以确定 2009 年是设计水平年或者规划水平年，再考虑跟国民经济五年规划相一致，可以再推迟一年，将 2010 年确定为设计水平年或者规划水平年。

虽然工程 2004 年就建成了，但是其实直到 2010 年才开始完全发挥效益。设计水平年最直接的用处就是根据达产前不同年份的效益水平，计算工程经济指标。当然也有工程一投产就达产的情况。

多年以前有文章按照某一年的供水量和静态单位水量投资质疑南水北调工程的必要性和效益，就属于典型的不懂设计水平年和资金的时间价值。

（2）因为水利水电工程从规划到开工建设，需要经过许多阶段的设计和审查，较长的周期。比如电口工程有规划（流域综合规划或者水电规划）—预可行性研究报告—可行性研究报告—招标技施等阶段；水口工程有规划（流域综合规划）—项目建议书—可行性研究报告—初步设计报告—招标技施等阶段。往往一个大、中型工程从规划到开工建设需要经历十几年甚至几十年的时间。那么随着国民经济不同的发展历程和工程建设的进展，在项目建议书阶段确定的设计水平年或者规划水平年就不一定合适了，需要调整。

比如原本预计该工程2005年就能建成、2010年能达产，但是在各种因素影响下，到2005年工程可行性研究报告还没收口，2011年才可能建成，那原来的设计水平年2010年就不合适了，需要相应延后，可能延后到2015年或者2020年了。

# 能不能利用调水工程减轻洪水危害

洪水在我国是影响范围极广、危害程度极深的灾害类型，从东南沿海到西北边陲，从松花江畔到珠江两岸，全国各地无不闻洪水而色变。从大禹治水开始，我们的民族与洪水斗争了数千年时间，漕运与河务是王朝的核心内政之一，其中的河务指的就是治理黄河；中华人民共和国成立后，毛主席不止一次发出了“一定要把淮河修好”“一定要把黄河的事情办好”的号召，洪水在我们民族记忆里留下了太多惨痛的回忆。

经过新中国几十年的发展建设，全国各地防御洪水的能力都有了长足的进步，然而洪水依然时不时威胁着人民群众的生命财产安全。

我国又是个人均水资源拥有量相对短缺的国家，尤其是北方地区，在每年汛期需要防御洪水灾害侵袭的同时，春旱缺水对人民的生活生产产生着巨大的负面影响，春夏之交甚至秋季我们还需要抗旱。

既然同时存在“防洪”与“抗旱”的工作，而我国又修建了为数不少的调水工程，那么能不能利用调水工程减轻洪水的危害呢？近几年，无论是身边的朋友还是网络上向我提问的网友，不止一个人提出了这个问题。看到大家都很关心水利工程的兴利除害运行工作，下面我就从水利规划的角度试着解答一下。

**1. 首先明确径流和洪水的关系**

通俗地讲，径流就是一条河的来水量，以年径流量或者年平均流量表示，比如长江三峡附近多年平均径流量约为4000亿立方米，多年平均流量为12000立方米每秒；长江入海口附近多年平均径流量约为1万亿立方米，多年平均流量为30000立方米每秒。

径流以丰水年、平水年、枯水年表示。通俗的解释就是，河流来水是随机的，想来多少，想怎么样分配到每个月甚至每天，虽然有一些规律，但是依然不可能人为预测，也不会随着人类意志而改变。把几十年甚至几百年的江河径流系列按照大小排列。其中的平均值就是多年平均径流量和多年平均流量。因为水文系列数据不够多，排列之后不是正态分布，而是采用P-Ⅲ曲线拟合分布，所以一般来说多年平均流量和径流量比50%频率来水略大，但是大不了多少，在此认为二者一致也不影响各位读者理解。50%频率来水就是平水年，字面理解就是每年有一半的机会来水会大于等于这个值；75%频率来水就是偏枯水年，字面理解就是每年有75%的机会来水会大于等于这个值；90%是枯水年，意思一样；25%是偏丰水年，10%是丰水年。径流通常以年为单位。

径流以年为单位，洪水以小时为单位，所以相对于径流来说，洪水算是个瞬时值。一般是把几十年上百年的洪峰流量（小时值）进行排列，按照同样的方法得到不同频率的洪水。相对于径流，洪水的频率就小多了，一般都是20%（5年一遇），10%（10年一遇），1%（100年一遇），0.1%（1000年一遇），0.05%（2000年一遇），0.01%（10000年一遇）这样的。偶尔在某些电视节目中听到有人说“百年不遇”的，是非专业说法。然后再算出7天或者15天洪量，也就是7天或者15

天的洪水来水量。洪量相对洪峰来说并不太重要。

既然洪水是个瞬时值，那就意味着，事实上洪水的洪量是包含在径流中的，是一种在汛期对径流的精细化监控。所以调水工程在汛期引水，其实也是引了部分洪水的，当然前提是水质满足要求，有些河流汛期泥沙或者其他污染物含量非常大，不适合各行业使用，也可能不引水。

**2. 其次阐述调水工程和河流的关系**

调水工程，其实和水库工程一样，都是水源调节工程。调水工程一般的用水户是工业和生活，尤其是长距离调水。这个主要是成本问题，调水的水价一般比较高，农业用不起，只有工业和生活能承受较高的水价。而工业和生活用水有个规律，用水量相对稳定，所以要求调水过程比较均匀，比如要求全年调水量稳定在 50 立方米每秒左右。即使是调水工程用于农业，一般也要求调水过程不能有非常大幅度的波动。水利上常说农业用水过程不稳定，那也是相对工业和生活用水过程来说的不稳定，其本身不可能出现几倍的用水量峰谷差。

因为调水工程是要讲求经济效益的，即便是具有公益性质的项目，财务评价可以不过关，但是国民经济评价一定要过关。如果需求方对水资源的要求是 20 ~ 100 立方米每秒，其中 100 立方米每秒的过程可能只需要一个月，难道几百千米的调水渠道都按照过 100 立方米每秒的标准修？显然是很不划算的，一般都会要求在用水户附近修建反调节蓄水工程，从而将调水工程供水规模降低。比如在用水户附近修一个水库，把调水工程的供水规模降低到 50 立方米每秒。

再说水资源调出的河流。河流的径流是个随机的过程，不是想要多少水就来多少水，修了个调水工程，突然发现拟调水的河流有好几个月根本就没有那么多水，那怎么办？所以一般在调出区也会修建调蓄水库工程，以蓄存丰水期的水资源供枯水期调水之用。著名的丹江口水库在南水北调中线工程中的作用之一就是这个。而南水北调东线工程没有修调节水库工程，一方面可能是没有合适的位置修建；另一方面是每年调水量100多亿立方米，那里每年的径流量几乎有1万亿立方米，可以认为基本不会出现无水可调的情况，因此也就没必要修调节工程。

### 3. 最后看看能不能利用调水工程减轻洪水的危害

前面明确了：①洪水是径流的一部分；②调水工程在汛期引水，其实也是引了部分洪水的；③调水工程在满足供水对象要求的前提下，要尽可能降低规模；④调水工程要求的供水过程是相对稳定的。

①、②点无须过多解释。那么洪水有什么特点呢？第一是随机性，非常不稳定；第二是瞬时值巨大，尤其是对于长江这样的大河来说。

比如来了20年一遇洪水（$P$=5%），假设洪峰流量是20000立方米每秒（相对于长江来说这个值是很保守的，基本就是常遇洪水的标准，绝对不是20年一遇洪水，汉江达到这个值也不稀奇），为了利用调水工程减轻洪水危害，准备修建多大的一条调水渠道呢？难道准备修个引水规模是20000立方米每秒的渠道？打个对折，修个10000立方米每秒的？打个1折，修个2000立方米每秒的渠道引水？

南水北调中线工程渠道引水规模大概为500立方米每秒，本书作者是亲眼见过多次，那哪里是渠道啊？那就是一条大河，上百米宽，十几米深的大河。黄河多年平均流量也不过1500立方米每秒，黄河什么样子各位大家应该不陌生吧？修了条人工黄河（2000立方米每秒的规模其实对于大洪水来说也没什么用，因为太小），就为了几十年用那么十几天？实在是得不偿失。

费了九牛二虎之力，把洪水调过来了，那么调过来的水干嘛用呢？

调水工程调水是要有用的，简单地说每年都得有水，一般来说工业和生活用水保证率在 90% ~ 97%（保证率 90%，可以理解为 100 年里，需要有至少 90 年的引水量满足用水需求），农业灌溉供水保证率在 75% ~ 85%。修了个调水工程只是引了个 20 年一遇的洪水……总不能说各地区把企业招商招来了，居民定居了，农民地也种上了，然后调水部门说："不好意思各位，我们用的水是调来的洪水，可能 20 年才来一次，不来水的时候各位就将就着忍忍吧"……属实有点开玩笑了。

当然对于黄河这种全流域水库非常多、库容足够大的河流来说，或者仅对于黄河龙羊峡水库这种库容足够大的多年调节水库来说，确实存在把某些不大的量级的洪水完全蓄存的可能性。但是这个就跟调水工程无关了。

# 河流水能开发的选择

河流水能开发的选择，就是讲一条河上究竟应该如何修建水电站，能修建多少座水电站的问题。这个也是水利水能规划的核心工作之一。

一条河在没修水电站之前，其标志性水能指标是“理论蕴藏量”，表明在平均流量下的河流水能情况。但是一条河究竟能修多少水电站跟理论蕴藏量关系不大。

我们首先解释一个概念，就是一条河上能修建的水电站装机容量是多少。装机容量的理论计算很简单，就是 $AQH$，$A$ 是出力系数（$A$=9.81× 水轮机效率 × 发电机效率），$Q$ 是流量，$H$ 是净水头。一条河上能修建的水电装机容量可以计算出截至当前的最大值（毕竟无法预知河流未来是不是有更大的流量）；最小值就是不建，为 0。所以，一条河能修建的水电站的装机容量就在最大值和最小值之间。如果工程技术水平到了足以改变大的地形地貌的地步且有充裕的资金支持，不计代价，那自然可以修到最大装机容量。现实是工程技术水平还有限且要讲求经济效益，所以河流水能资源就存在技术可开发量和经济可开发量。一般而言，技术可开发量大于经济可开发量。当然随着技术进步和经济要求的不断变化，这两个值也在不断变化。

一条河上究竟应该如何修建水电站，能修建多少座水电站？这个问题客观上跟河流地形地质条件有关，主观上跟建设理念、社会要求和工程技术水平有关。同样一条河流，翻阅几十年前做的水力发电规划报告，可以看到规划了为数众多的低水头小装机的水电站。造成这种规划结果的可能原因：第一，当时工程技术水平有限，水电站建设对地形地质条件要求高，修建高坝大库的能力不足，建设长距离引水工程的经验有限，建造高水头大容量水轮机的工艺不济；第二，经济社会发展水平在可以预见的将来无法消纳大容量机组的发电量；第三，经济实力有限无法大规模修建大型工程，只好在整条河流中选择经济效益最好的地方修建小型水电站工程，留下大量在当时不适合开发的区域以待以后开发，这是技术与社会共同选择的结果。翻阅近年来的水力发电规划报告或者水力发电规划修编报告，就会发现随着技术经济水平的进步、开发理念的转变，新的水力发电开发方案合并了大量老规划中的低水头水电电源点，把以前的三四个低水头水电站合并成一个高水头水电站开发。所以近年来的水电规划与以前相比，同一条河上规划的水电站数量减少，但是单个电站装机容量增大。这也是技术与社会共同选择的结果。

综上可知，一条河究竟能修建多少水电站不是个单纯的技术问题，而是技术、经济、社会、生态等诸多条件共同影响、综合作用的结果。

（本文部分内容曾以《一条河究竟能建多少水电站》为题，发表于2023年6月30日《南方电网报》）

# 经济社会发展变化对水利水电工程建设决策的影响

水利水电工程属于基础设施建设项目，其规划设计论证工作受政策、法律法规以及经济社会发展变化的影响巨大。

就水电站来说，前些年鼓励引水式水电站的开发建设，那么在进行工程规划论证的时候就尽可能论述工程建设的优点，一般来说包括投资小、见效快、不消耗化石能源、不排放温室气体、可以提供清洁能源、可以促进建设地方经济发展、可以通过移民改善生产环境和通过工程在当地吸收部分就业的方式促进农牧民增收等。而引水式开发的水电站对生态的影响就提及得比较少了，最初是没有生态基流的概念的，就是说除了汛期不能被引用发电的洪水之外，其他水都是可以被引用的，后来要求下泄生态基流，随着环保要求越来越高，生态基流下泄量也越来越多，刚开始要求下泄多年平均流量的 10%；而后变化到要求汛期下泄多年平均流量的 20%，枯水期下泄多年平均流量的 10%；近几年又变化到要求汛期下泄多年平均流量的 30%，枯水期下泄多年平均流量的 10%；直到前几年事实上停止了引水式水电站的开发建设，这几年政策又有所松动。这个就是生态环境政策的变化对引水式水电站的影响。而根据相关规范及指导性文件要求，生态基流下泄量在10%以上都是可以的，不同河流不同计算方法得到的结果不同。最科学的做法是针对每一条河流进行详细的研究，确定生态基流量，确保生态效益和社会效益、经济效益的双赢。但是由于种种原因，现实是全部采用当下的最高标准，首先要保证生态效益，至于社会效益和经济效益就都是相对次要的问题了。

对于水库来说，前几年由于资金有限，在规划设计工作中一般认为一条河上能建设一座季调节（不完全年调节）的水库就完全可以满足下游各行业用水要求了。基于此在规划设计工作中都是尽可能在满足任务要求的前提下论证缩小水库规模以节省投资。甚至很多小河分析后认为现有平原水库完全可以满足供水要求，不建议在其上建设拦河水库工程。近年来由于农业和水利政策的转变，资金也相对充裕了，那么在水库的规划设计工作中又都有了尽可能将水库规模做大的趋势，许多业主在设计伊始就提出了要求：“××水库如果不能论证到2000万立方米我们就不建设了！”很多几年前论证仅需要1000万立方米库容的河流可能就建设了规模是1500万立方米的水库，很多原本认为不需要建设水库的小河也开始推进库容数百万立方米的小型水库工程的建设步伐……很多时候经济社会现实的变化给工程带来的影响是决定性的。从规划的角度来看，修了水库肯定比不修水库要好；修了大水库肯定比修小水库要好。作为规划工程师应该是十分赞成在有条件的前提下修水库，修大水库的。但是为了修水库、为了修大水库付出的成本代价与修了水库之后收到效益之比是否值得，是应该仔细研究的课题。

二十七

# 洪涝灾害与科技进步、国富民强、基础设施建设之间的关系，为什么如今还能发生如此大的洪涝灾害

经常有读者和网友会发出这样的疑问，“如今我们国家科技发达，经济实力雄厚，基础设施建设冠绝全球，为什么每年还是会发生各种各样的灾害，尤其是洪涝灾害，我们就不能消灭洪涝灾害吗？”

我们不能消灭洪涝灾害，这说明什么？这说明我们虽然已经很强大了，但是科技依然不够进步，国家依然不那么富强，基础设施建设还有很多欠账，需要我们继续努力奋斗。

我们换一个角度思考：为什么美国作为世界第一强国，还会出现卡特里娜飓风那么大的灾害？还会出现 2018 年冬天严重的雪灾？冬季一出现极端天气，整个国家从阿拉斯加冰冻到佛罗里达？为什么作为世界上最发达的国家集群，2018 年欧洲遭遇极端天气会出现那么大的灾害？

以上问题充分说明了，不仅是我们国家，包括美国和欧洲诸国在内的其他强国，面对自然的力量，都存在能力不足、科技落后的现实问题。

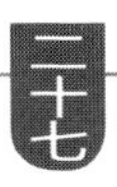


## 洪涝灾害与科技进步、国富民强、基础设施建设之间的关系，为什么如今还能发生如此大的洪涝灾害

就发生洪涝灾害这事来说，具体从工程技术的角度分析如下：

第一，存在设计标准的问题。我们的防洪是分级设防的，也就是说是分标准的。根据《防洪标准》（GB 50201—2014）的标准，城市防洪最低标准是20年一遇，最高标准目前是不低于200年一遇；乡村防洪最低标准是10年一遇，最高标准目前是100年一遇。交通设施最高标准是300年一遇，工矿企业最高标准是200年一遇，电力设施最高标准是200年一遇，核电站是历史最大洪水。

而这个最高标准是有严格的限制指标的，没几个城市能达到。也就意味着事实上很多防洪保护对象和防洪保护区的防洪标准也就是20年一遇到100年一遇，而且全国绝大多数区域的防洪标准是低于50年一遇的，20年一遇应该是最多的，这仅仅是理论上。现实是好多河段其实并没有达到要求的防洪标准，5年一遇、10年一遇防洪标准的河段大把地存在，前些年甚至2～3年一遇防洪标准的河段也还有很多。再者说，无论修没修堤防工程的地方，反正防洪标准也就20年一遇，所以来场大于20年一遇洪水标准的大洪水就出事也很正常。

第二，资金有限。也就是说我们还不够富强。为什么防洪标准要分级？全部按照历史最大洪水修行不行？如果按照历史最大洪水修，虽然无法预测未来洪水的量级，起码是在现实情况下最安全的选择了。防洪标准分级的重要原因之一就是资金有限。修工程是需要资金的。总不可能为了两亩地一头牛就花天大的代价去修一段固若金汤的工程吧。这也是我们很多河流的防洪工程体系不完善的重要原因——资金有限。

第三，错觉。近几十年我们修建了很多防洪工程，事实上洪水灾害威胁已经大大减轻了。以三峡工程为例，由于三峡工程对洪水的调蓄作用，下游防洪压力小了许多了。再比如，很多小流域由于修了工程，洪水被拦蓄，下泄量减少，河水被约束在主河槽中，导致原来用于行洪的滩区十几年甚至几十年都没被洪水淹没过了，但是这些滩区依然是河道的行洪区域，依然应归水行政主管部门管理。周边的一些机构或者个人看这地方荒着挺可惜的，就开始在这里搞各种开发建设，侵占行洪通道。突然有一天，上游来了大洪水，水库没办法只能开闸泄洪的时候，把这些滩区冲了……“修了个水库不但没防洪，而且还放水人为制造洪水。”这种论调很轻易地就从大家嘴里冒出来了。

第四，能力。面对自然，我们的技术能力是很有限的。花了巨大代价修了个水库，可能也仅仅是把下游的防洪标准从 10 年一遇提高到 20 年一遇。为什么不能提高到 50 年一遇甚至 100 年一遇？因为花的代价太大，能力不足，收益太少。然后就出现第三条提及的问题了——本来这个地方不修水库，洪水经常涌上河漫滩，洪水可不管你是干什么的，敢侵占行洪通道就发大水冲你。修了水库控制了洪水，十几年洪水也没再上过河漫滩，但是水库的防洪能力毕竟是有限的，它只是减轻、减少洪水威胁，并不是杜绝。等来了大洪水，水库必须泄洪，侵占行洪通道的建筑物就不可避免地被冲了……

后记：本书作者认为科学的问题，应该交给科学家来解决，媒体应该忠实地报道、科学地解答。但是在现实中，恰恰有些拥有话语权的媒介和媒介中的某些人越俎代庖做了本该科学家做的事，并把这种并不专业的、在科学上并没有结论的甚至是错误的观点和认知透过自己掌握的渠道渗透给大众。本书作者认为这是对社会、对未来很不负责任的做法。

# 关于未来水利水电规划工作的一点思考

我国是世界上水能资源最丰富的国家，水能资源理论蕴藏量 6.9 亿千瓦，可开发量 3.8 亿千瓦。因此，水电开发一直是我国能源行业的工作重点。

传统认识中水能资源是不产生温室气体的清洁能源，对水能资源的开发有利于环境保护工作。近年来随着环境保护问题研究的深入，人类对环境保护中的一个重要分支——生态保护也日益受到重视。很多生态学者通过自己的研究认为水电站工程，尤其是梯级水电站工程的建设严重破坏了生态环境，甚至极端一点儿的生态学者认为水电站是生态破坏的罪魁祸首。

两方观点存在较大差异，谁也无法说服谁。问题是水电的清洁能源地位是几十年前研究的成果，是水利学者和早期生态学者的共识，其研究工作并没有当代生态学者的参与；而水电严重破坏生态是生态学者独立研究的成果，并没有水利学者的参与。研究中存在各方按照自己的意愿尽量选择支持自己论点的论据、抛弃其他论据的问题，有些归于片面了。

水利水电规划工作是进行水利水电工程开发的最前期的准备工作。规划工作的方向、基调直接决定了未来河流开发的方向、水电站建设的方向，乃至自然生态和社会生态的演进方向。现在水利水电工程规划工作的指导性文件是《河流水电规划编制规范》(DL/T 5042—2010)。该规范重要的出发点就是“要从有利于水电开发的角度，分析提出与环境保护相协调所对应的环境保护措施，再提出在可能的环境保护措施实施后，对规划实施方案的要求”。针对这一条，水利工作者着眼点是前半句“要从有利于水电开发的角度”进行规划工作；而环保工作者从后半句“再提出在可能的环境保护措施实施后，对规划实施方案的要求”。一方看到了开发，另一方看到了保护，在缺乏融合沟通的情况下，很容易造成规划报告与规划环评报告南辕北辙的情况。

水电显然是清洁能源，水电站的开发建设显然也会对自然生态和社会生态造成影响。但是影响是否那么大，大到让人深恶痛绝，必欲除之而后快呢？大概也不是。

作为专业领域的学者和研究者，工作的最终目标不是提出问题，提出问题的那不叫科学家，那叫科学批评家；有效的工作是需要提出问题并解决，这才是科学的态度。

我们一贯的建设思路处处都渗透着发展与保护，建设与和谐共处的思想内涵。包括环保督察在内的一系列活动，也说明了从现在开始人与环境的和谐发展将是我们开发建设必须遵循的前提。

基于此，对于水利水电规划未来的前进方向，本书作者认为水利行业应该主动寻找工程与生态、工程与社会良好的结合点，可行的结合方法，可靠的结合措施。从规划阶段就开始考虑水利水电工程的环境相容性，生态友好性，人水和谐性。应该“从有利于环境保护和可持续发展的角度，分析提出水利水电规划开发方案及配套的环境保护措施”。

就规划的具体工作角度来说，目前较容易做到的是以下几点：

（1）摒弃“充分利用水头，梯级水头需衔接”的水电梯级布置原则，改为“在不破坏生态环境的基础上，合理布置梯级，将影响到自然保护区、生态公园的梯级进行降低水头或取消布置，不要求各梯级的水头必须衔接”。

（2）将常用的混合式开发、引水式开发、尽量减少梯级等水电梯级布置理念改为闸坝式开发、坝后式开发、多级开发等，预留出足够的自然生态与生物生境。

（3）对生态问题比较突出的河流敢于说“不”，即对生态问题比较突出的河流敢于说该条河不适合水电开发。

就规划未来的发展方向提出的要求，仅仅落实以上几点是远远不够的。根据多年工作的实践与思考，本书作者认为在未来的工作中应该着力加强以下几方面的研究进程。

第一，对现在公认的严重破坏生态的开发方式予以摒弃，而不是通过细节上的修补让其事实长期存在。比如长渠道或者隧洞引水式水电站，正是这种开发方式将河流来水大部分引走用于发电，留下大片裸露的干涸河床，几乎完全破坏了河道原生生态和水生生物生境。而且这种破坏是无法采取措施缓解的，因为发电与生态双方都需要水，而水只有那么多，两者矛盾尖锐对立。此部分应该在规划工作中专设篇章，专门论述。

第二，应该研究水利水电工程特别是水库工程与环境的和谐性、有益性问题，最著名的“千岛湖”是生态环境和谐向好的典范，但是除了水利工作者很少有人知道“千岛湖”的正式名称是“新安江水库”。水库工程的建设，不会产生减水河段，但是会在河流中造成人工阻隔。

这种阻隔通过完善的过坝设施是可以大大减弱其危害的。而水库工程建成后形成的广阔水面对于改善当地气候、植被、水生生物生境都是有积极意义的。但是在当下的研究中对此几乎都是只字不提，很多生态学者知道水库的生态效益，但是似乎觉得自己的工作就是找不足，这种正面的评价不应该由生态学者提出来。此部分应该在规划工作和规划环境影响评价工作中专设篇章，专门论述。

第三，应该研究水利水电工程与自然环境的协调性问题。作为工程技术人员关注的重心始终是工程的实用性、经济性、可靠性和耐久性，对于工程与环境的协调性研究不足。工程与环境相协调，可以尽可能减轻对环境的影响，尽可能增加有益环境的效益。另外可以给人视觉上的柔和感，对于非水利行业的公众来说，一座看起来跟环境融为一体的建筑一定是美的、和谐的、不破坏环境的。一座出现在风景如画的山水间的钢筋混凝土人工建筑，即使效益再好，让人看起来也是破坏环境的。此部分应该在规划工作和规划环境影响评价工作中专设篇章，专门论述。

第四，应该扩展经济评价的外延。按照“从有利于环境保护和可持续发展的角度，分析提出水利水电规划开发方案及配套的环境保护措施。”必然会造成水利水电工程投资的增加，仅仅从水利水电工程传统的国民经济评价和财务评价角度分析，必然是不经济的。但是从环境保护的角度看，新增的投资一方面抵消了工程建设可能造成的生态破坏带来的损失，另一方面产生了生态修复带来的效益。将这两种效益与传统国民经济评价和财务评价效益比较，未必就是不经济的。但是限于资料收集困难、工作周期长、分析方法缺乏、分析外延无法掌握等客观原因，在现实工作中并未开展相关的经济评价工作。应该针对这种评价开展研究工作，拿出切实可行的评价规范、方法等约束性条文。此部分应该在规划工作中专设篇章，专门论述。

第五，仍然是应该坚持生态环境优先的原则。水利工作采取上述四个措施来修正自己对生态环境的影响，并不意味着水利水电工程的开发建设就一定可行。譬如工程位于自然保护区、生态敏感区、风景名胜区等，即使采取了种种保护与修复方法，工程建设仍将给环境造成不可逆转的损失，那么生态环境问题就应该成为否决工程建设的最正确的理由。

二十九

# 水利工程究竟会造成什么样的生态环境问题

水利专业所说的水利工程包含的范围极广——水库、水电站、堤防、渠首、渠道、泵站、渡槽、隧洞、桥涵、沉砂池……只要是涉水的建筑物都可以归并到水利工程中。在专业之外的公众看来，水利工程就是水库和水电站了。水电站更被大众熟知，一提到水利工程首先想到的是水电站——因为在对水利工程认识的传播中已经形成一种思维定式，那就是水利工程一定要发电，强调工程效益的时候一定要着重强调发电效益——因为让非水利专业的媒体与大众理解防洪效益、灌溉效益、航运效益甚至生态效益这些有些难度，然而发电就简单了许多，只要知道一年能发多少电就好了。

考虑到大众的认知习惯，在本书的这部分内容就讲讲水电站和水库这两种水利工程可能造成的生态环境问题吧。

**1. 水电站**

水电站首先是清洁能源，这一点毋庸置疑。不消耗化石能源，不排放温室气体一直是水电站相对火电厂最大的优势，这也是水电站最重要的环境效益。

那么水电站可能造成的生态环境问题有哪些呢？在本书前半部分讲过，按照建设形式可以将水电站分为水库式、引水式、混合式、河床式和半河式等，其中最重要的是水库式和引水式，混合式兼有水库式和引水式的环境特点，河床式和半河式的环境特点类似水库式。因此，在本文中仅仅分析介绍水库式和引水式水电站的生态环境问题。

（1）引水式水电站

1）引水式水电站可能造成的最严重的生态环境问题就是导致河道减水、脱水甚至断流。水电站将河道里的水引入了发电渠道或者隧洞，相应的河道里的水就少了。一般而言针对水电站开发导致的河道减水甚至脱水问题会采取下泄生态基流的方式予以部分缓解。但是依然存在两个问题。第一个问题就是本书提到的“究竟应该下泄多少生态基流才是合适的”。生态基流从最初的 0 到多年平均流量的 10% 现在发展到多年平均流量的 20% ~ 30%。够不够？很难说。生态基流的作用是什么？生态基流的作用是维持河道的基本形态。一条河没有了水，慢慢地也就淤塞、湮没了，要想让它一直是条河，那就必须要有水。所以生态基流其实是维持河道形态的最小也是最基本的水量要求。由于河流成因、流经地区的不同等，每条河需要的生态基流量也是不一样的，然而我们现在没有那么多设计周期，也没有那么多资金和技术力量去针对每一条河进行生态基流的研究，因此就规定了一个强制值——所有河流都这么多。这样子的话有些河流的生态基流是够了，但是有些河流可能就不够了。第二个问题就是生态基流应如何足量下泄的问题，全国有几千座引水式水电站，由于各种客观条件的限制，现实中大部分水电站都没有生态基流监测设备。这也就意味着是否下泄生态基流、下泄多少生态基流全凭水电站运行管理单位的“觉悟”，这显然是很不可靠的，有些水电站就钻了这个空子——挤占生态基流用于发电，不下泄或者少下泄生态基流，导致河流生态问题更加严重。当然近年来随着技术的进步和资金的充裕，各个引水式水电站都开始加装生态基流监控系统，大大提高了生态基流的下泄保证率。

那么足额下泄了生态基流，且生态基流可以满足维持河道生态所需的最小、最基本的水量要求是不是就意味着生态问题解决了，万事大吉了呢？答案显然是否定的。前面我们说了，生态基流是维持河道形态所需的最小、最基本的水量要求，那也就意味着这个水量是不足以满足维持河道形态之外的其他生态用水要求的——比如植物繁殖漂种的水量要求、鱼类产卵所需的水量和流速要求等。对于有植物漂种需要和鱼类繁殖需要的河流，引水式水电站没有能力通过自身的调节满足这种水量要求，并且其自身发电还必须将部分水量引离河道，更是减少了可以下泄下游的水量。可以说，引水式水电站的发电引水在水电站工程中是对生态环境影响和破坏最大的。

2）除了导致河道减水、脱水甚至断流之外，引水式水电站还可能导致的生态环境问题就是在河流中形成了阻隔——因为发电引水要修建拦河引水枢纽，必然在河道中形成阻隔。河道阻隔最主要的受害者是具有洄游习性的鱼类，可能导致鱼类种群的基因退化，规模减小甚至消失。但是现在通过建设鱼道、升鱼机以及增殖放流等措施，基本上可以消除阻隔影响。因此，水利工程对鱼类的阻隔影响在目前的技术条件下并不算是最重要的生态环境问题。目前国内鱼道的诱鱼、过鱼技术水平还处于发展阶段。欧洲、北美的部分工程鱼道诱鱼、过鱼效果非常显著。

（2）水库式水电站

水库式水电站的特点就是水电站厂房建设在水库坝后，电站尾水基本上在坝后就排入下游。因此水库式水电站不存在河道减水、脱水

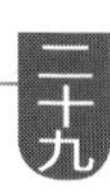


的问题。

1）水库式水电站容易出现的首要生态环境问题就是对河流的阻隔影响，这一点与引水式水电站类似，当然解决办法也基本相同——通过建设鱼道、升鱼机以及增殖放流等措施，基本上可以消除阻隔影响。

2）水库式水电站容易出现的第二个生态环境问题是下泄低温水。一般河流水深不大且由于水的流动和掺混，水温基本无变化，没有分层现象。当修建了水库工程，尤其是高坝大库的水利枢纽工程，形成面积较大、水深较深的人工湖泊（水库）时就会产生水温分层现象——表层水温度正常，水越深温度越低，几十米深的水下水温一般稳定在4摄氏度左右，形成一个较为稳定的低温水层。水利工程向下游下泄用于灌溉、供水、生态等的水量时如果不注意低温水的影响则很有可能出现由于水库下泄的水温度太低而影响农作物生长、水生生物生存和繁殖的问题。针对水库低温水目前一般采用修建"龙抬头"式引水口的方式予以解决——将库区取水口高程尽可能提高，从水库的表层而不是底层取水。

3）水库式水电站容易出现的第三个生态环境问题是库区内源污染。水库库区原来是陆地，生长有各种生物，同时有动植物产生的各种废弃物及人类生产生活所产生的垃圾废物。水库蓄水后将这些有机物积存在库区里通过微生物作用产生各种有害物质。针对库区内源污染，目前采用的办法是在水库蓄水前进行清库工作——把所有能搬走的东西全部搬离库区，树木全部砍伐移走，对预计要淹没的厕所、垃圾场等清理后进行消毒处理。

**2. 水库**

水库容易出现的生态环境问题与水库式电站基本相同，不再赘述。

3. 其他

水库蓄水后还可能产生库区塌岸、库尾淤积导致的洪涝灾害甚至出现水库诱发地震，这些都属于水库产生的地质问题而非生态环境问题。

# 水利工程的生态环境效益

上一篇说了水利工程可能造成的部分生态环境问题，本篇来讲一讲水利工程的部分生态环境效益吧。

水利工程最显而易见，几十年来最为大众所熟知的生态环境效益就是水电站生产的绿色能源了——水力发电不需要燃烧化石燃料也不需要添加核燃料，不会产生二氧化碳等温室气体，也没有潜在的核泄漏风险。

除了生产绿色能源外，水利工程还有没有其他的生态环境效益呢，有哪些生态环境效益呢？答案当然是肯定的——水利工程还有许多其他的生态环境效益。

水库工程，尤其是大型水库工程的建设形成了面积广阔的人工水面，水面面积的扩大必然导致蒸发量的增加，可以在一定程度上改善库区周边的小气候，使得库区周边的气候更加湿润，有利于动植物的生存，改善周边生态环境，在我国内陆干旱区这一效益更为明显。往往在水库周边可以形成更加复杂的生态系统，相对于固有的荒漠生态来说，这种因水库而形成的生态系统物种更多，联系更紧密，不像荒漠生态系统那么脆弱、容易被破坏。

水库工程的建设，配合库区其他生态环境保护措施，可能形成人与自然关系更和谐的景观。比如我国著名的风景名胜区——浙江千岛湖和广东的万绿湖，就是因为水库工程的建设形成的人造景观，其实两者分别就是新安江水库与新丰江水库。这两座水库也是目前我们工程实践改善生态环境最著名的例证。

水库工程蓄水后改变了河流原有的水文特性，使得河流在水库附近向湖泊转变，较低甚至趋于静止的流速、大水深，有利于浮游生物的生存，生产丰富的饵料，这一切都为喜欢湖泊生态的水生动植物提供了适宜的活动区域，水库建成后一般在库区会形成喜欢大水深、小流速的静水环境的水生生物优势种群。对于需要动水生存的鱼类来说，其种群一般会上溯上游或者支流去寻找适宜的生存环境。水库的建设基本不会影响需要动水生存的鱼类同时又可以增加静水生存的鱼类种群数量。

水库蓄水后会淹没河道周边大大小小的封闭水域（死水潭），这种水域恰恰是各种有害昆虫（比如蚊子）幼虫喜欢的生存环境。

河谷生态林草是河流生态系统的重要组成部分，河谷林中许多植物的繁殖需要依靠洪水——发洪水的时候，种子随着水流漂向下游，等到洪水退去之后生根发芽。当然这种洪水指的是常遇洪水，就是经常会发生的那种小洪水而不是会造成灾害的大洪水。但是无论什么量级的洪水，都不是人力所能控制发生时间的，遇到来水较小的年份不发生常遇洪水，那这一年的植物就难以繁殖。修建了水库之后就可以利用水库的蓄水量，根据植物漂种繁殖的要求在某些年份人为制造洪水下泄，以保证河谷林草的正常繁殖。

# 水资源和煤资源都是自然资源，为何水不能像煤一样拿出来卖

这个也是大众所困惑的一个问题，水资源的价值究竟该如何体现，难道体现方式就只有家里用的自来水水费一用途吗？

水资源的价值，或者说价格，本书作者认为分三个层次。

## 第一层次是水资源费。

当然关于水资源费改税的问题，已经试点好几年了，但是目前还没有完全普及。

这个是水资源的基础价格。水资源费的出处是《中华人民共和国水法》《取水许可和水资源费征收管理条例》和《关于水资源费征收标准有关问题的通知》。但是具体的水资源费征收标准是由各省级行政区制定的。无论是使用地表水、地下水（包括疏干水）、大气水还是生物水……总之就是使用一切水资源理论上都需要支付水资源费。水资源费是上缴国库的，一般比例是国库 10%、省级 18%、地市级 18%、县区级 54%。因为是基础价格，所以是非常低廉的，即便工业用水，只要不超限额，每立方米价格也不超过 1 块钱。而对于基本农田限额以内的用水是计量但是免收水资源费的，农户打浅层地下水用于零星养殖畜禽和庭院零星灌溉是不计量不收费的（关于这一点，各地具体的标准不完全相同）。水电站发电取水不耗水，同样要收贯流水资源费，虽然一立方米水的收费很少，但是因为水电站发电取水量非常大，所以贯流水资源费总额也是可观的。水资源费的征收机构是各级流域管理机构和水行政管理机构，其他企事业单位无权征收水资源费。水资源费是政府非税收入之一。

## 第二层次是水费。

这个就是我们平常所说的水费了。理论上来说供水企业或者事业单位根据取水许可规定的定额水量从一级取水口取水，向流域管理机构或者水行政主管部门缴纳水资源费（或叫原水水费），然后供水企业或者事业单位根据自身人员工资，供水设施改造、新建、扩建、运行维护等供水成本，附加合理的收益后（社会公益类项目收益一般不超过 6%，工业供水利润可以提高），出售给用水户。但是实际上由于水的特殊商品属性，价格一般都是由价格管理部门会同发展改革和水利部门共同制定，然后报人民政府批准实施。大部分地区除了工业供水有收益之外，城市生活用水一般是维持成本水价，占用水大头的农业用水近几年才逐渐上调到成本水价。

## 第三层次是水权交易价格。

现在有些地区已经施行水权制度改革和水价改革，有些地区正在试行。以农业用水为例：根据农民土地面积和灌溉定额，核定农民逐年的水权。比如一个农民家有 100 亩地，每亩地定额 320 立方米，则他每年的灌溉水权就为 3.2 万立方米。由于他采用了节水灌溉技术，预计每年能节省 2000 立方米水量，这个水量就可以拿到水权交易平台去交易，交易价格可以由交易双方协商，可以是当地灌溉水价的几倍。水权交易的前提是，该农民不能为了卖水撂荒 100 亩地中的任何一亩。

因为水资源的属性特殊，所以除了部分工业用水之外，向其他行业尤其是农业灌溉供水是很难赚钱的。

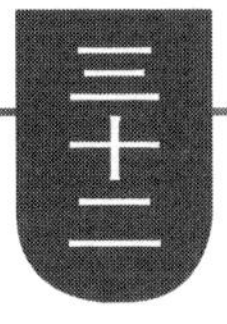

三十二

# 耕地盐渍化和灌溉与排水

耕地盐渍化（俗称盐碱地）一直是困扰我国农业生产的灾害性问题之一。耕地盐渍化治理是农田水利专业任务之一，是水利工作的重要分支。

耕地盐渍化的解决办法一般有两个：第一个办法是深耕，把盐渍化土埋到下层；第二个办法是引水冲洗，把表层盐分带走。一般灌溉农业区，耕地里有两种渠，一种是灌渠，另一种是排渠，排渠的作用不言而喻。灌渠占了灌溉面积，土地经营户已经觉得是损失了，排渠同样还要占面积，在他们眼里更是不必要的损失。灌渠不能填平，那就想方设法地把排渠填平，反正一般也不用排渠。灌排齐全的土地现在不多见了。

地下水位过低会引起一系列灾害，比如严重的形成地下漏斗，导致地面出现各种环境生态问题，沿海地区还会导致海水倒灌。但是地下水位过高也不好，会引起土地盐渍化，所以合理适当地开采地下水，使地下水位维持在正常的范围才是对环境最好的反馈。

农业水利里面专门有灌溉与排水技术，学术上有《灌溉排水学报》，规范中有《灌溉与排水工程设计标准》(GB 50288—2018)。但是除了水利中的农田水利专业，普通人知道灌溉和排水的并不多，一般只知道灌溉。

有一种观点认为河流的定期泛滥会形成盐渍化，看了上面的分析，想必各位读者已经心中有数了，河流定期泛滥不会形成盐渍化，排水不畅才会。内流区越往下游越可能盐渍化，洼地一般是盐碱地，存的都是苦咸水，就是因为排水不畅。

农业灌溉中有一个概念是“回归水”。什么是回归水呢?可以理解为农作物用不掉的多余水。比如在灌溉农业区，假设一亩地一年从河道里引了500立方米的水用于灌溉，其中200立方米的水被植物吸收了或者直接蒸发了，剩下300立方米的水顺着排水系统又回到河道里，这300立方米的水就是回归水。排水系统顺畅的农田,回归水容易排出，自然也就不会盐渍化。

灌溉农业区还有一个灌溉习惯是“冬灌”，也就是每年十二月浇一次水，这个水的作用就包括“压碱”，当然不只是“压碱”。

现在逐渐普及的节水灌溉也存在需要定期清洗的问题。比如滴灌，在滴头的位置，就是植物根系附近出水的位置会有盐类聚集，所以采用滴灌进行灌溉的农田，也需要每隔几年进行一次地面灌，目的就是洗盐碱。